高等院校数字艺术精品课程系列教材

After Effects
核心应用案例教程

After Effects 2020

全彩慕课版

付凤华 朱孟伟 主编

北 京

图书在版编目（CIP）数据

After Effects核心应用案例教程：After Effects
2020：全彩慕课版 / 付凤华，朱孟伟主编. -- 北京：
人民邮电出版社，2025.2
高等院校数字艺术精品课程系列教材
ISBN 978-7-115-64269-1

Ⅰ. ①A… Ⅱ. ①付… ②朱… Ⅲ. ①图像处理软件—
高等学校—教材 Ⅳ. ①TP391.413

中国国家版本馆CIP数据核字(2024)第080464号

内 容 提 要

本书全面、系统地介绍了 After Effects 2020 的基本操作方法和视频的制作技巧，包括初识 After Effects、After Effects 入门知识、时间轴、文字、声音、蒙版、抠像、效果、跟踪运动与表达式、制作三维合成及商业案例。

书中内容的讲解均以案例为主线，通过案例制作，读者可以快速熟悉软件功能和视频设计思路。书中的课堂案例用于帮助读者深入学习软件功能；课堂练习和课后习题可以拓展读者的实际应用能力，提高读者的软件使用水平。本书的最后一章精心安排了专业设计公司的 8 个综合设计案例，力求通过这些案例的制作，提高读者的视频设计创意能力。

本书适合作为高等职业院校数字媒体艺术类专业课程的教材，也可作为相关人员的自学参考书。

◆ 主　　编　付凤华　朱孟伟
　　责任编辑　刘　佳
　　责任印制　王　郁　焦志炜

◆ 人民邮电出版社出版发行　　北京市丰台区成寿寺路 11 号
　　邮编　100164　　电子邮件　315@ptpress.com.cn
　　网址　https://www.ptpress.com.cn
　　北京瑞禾彩色印刷有限公司印刷

◆ 开本：787×1092　1/16
　　印张：14.75　　　　　　　　　2025 年 2 月第 1 版
　　字数：389 千字　　　　　　　2025 年 2 月北京第 1 次印刷

定价：79.80 元

读者服务热线：(010)81055256　印装质量热线：(010)81055316
反盗版热线：(010)81055315

After Effects

前 言

本书全面贯彻党的二十大精神，以社会主义核心价值观为引领，传承中华优秀传统文化，坚定文化自信，做到体现时代性、把握规律性、富有创造性。

After Effects 2020 简介

After Effects，简称 AE，是由 Adobe 公司开发的一款动态图形和视觉特效制作软件。After Effects 拥有强大的视频编辑和动画制作工具，可以用于创建影片字幕、片头、片尾和过渡效果，完成视频特效设计制作和动画设计制作等工作，深受影视后期制作人员、动画设计人员和影视制作爱好者的喜爱，适合电视台、影视后期公司、动画制作公司、新媒体工作室等需要进行视频编辑和设计的机构使用。

如何使用本书

Step1 精选基础知识，快速了解软件。

应用领域

基本操作

Ae Adobe After Effects 2020 - 无标题项目.aep   —   □   ×

文件(F)   编辑(E)   合成(C)   图层(L)   效果(T)   动画(A)   视图(V)   窗口   帮助(H)

时间轴

Step2 课堂案例 + 软件功能解析，边做边学软件功能，熟悉设计思路。

了解目标和要点

效果 + 时间轴 + 属性 + 文字
四大核心功能

精选典型案例效果

视频步骤详解

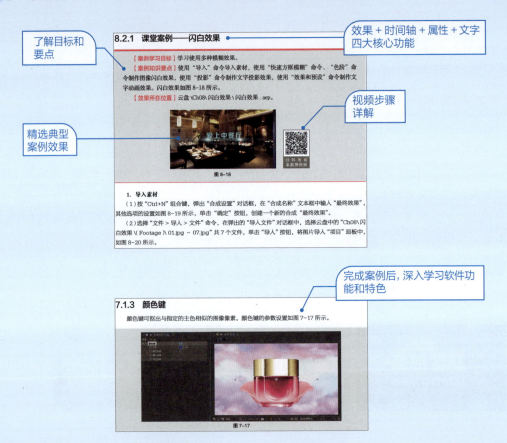

完成案例后，深入学习软件功能和特色

Step3 课堂练习 + 课后习题，拓展应用能力。

更多案例

扫码看操作视频

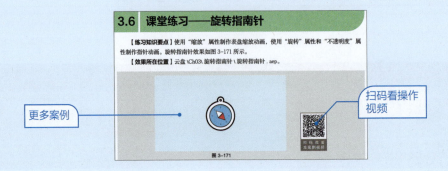

Step4 综合实战,演练真实商业项目制作过程。

配套资源

学习资源及获取方式如下。

● 所有案例的素材及最终效果文件。

● 全书慕课视频，登录人邮学院网站（www.rymooc.com）或扫描封面上的二维码，使用手机号码完成注册，在首页右上角单击"学习卡"选项，输入封底刮刮卡中的激活码，即可在线观看视频。扫描书中二维码也可以使用手机移动观看视频。

● 扩展案例，扫描书中二维码，即可查看扩展案例操作步骤。

● PPT 课件。

● 课程标准。

● 课程计划。

● 教学教案。

● 详尽的课堂练习和课后习题的操作步骤。

任课教师可登录人邮教育社区（www.ryjiaoyu.com），在本书页面中免费下载使用。

教学指导

本书的参考学时为 64 学时，其中讲授环节为 46 学时，实训（课堂案例）环节为 18 学时，各章的参考学时参见下面的学时分配表。

章	课程内容	学时分配	
		讲授	实训
第 1 章	初识 After Effects	2	—
第 2 章	After Effects 入门知识	2	—
第 3 章	时间轴	6	2
第 4 章	文字	2	2
第 5 章	声音	2	2
第 6 章	蒙版	4	2
第 7 章	抠像	4	2
第 8 章	效果	10	2
第 9 章	跟踪运动与表达式	2	2
第 10 章	制作三维合成	4	2
第 11 章	商业案例	8	2
	学时总计	46	18

本书约定

本书案例素材所在位置：章号 \ 素材 \ 案例名，如 Ch06\ 素材 \ 制作电商广告。

本书案例最终效果文件所在位置：章号 \ 效果 \ 案例名，如 Ch06\ 效果 \ 制作电商广告 .fla。

本书中关于颜色设置的表述，如红色（#FF0000）。

由于作者水平有限，书中难免存在不妥之处，敬请广大读者批评指正。

编　者

2023 年 11 月

目 录

After Effects

目录

After Effects

目录

09

第9章　跟踪运动与表达式

10

第10章　制作三维合成

After Effects

目 录

01

第 1 章

初识 After Effects

▶ **本章介绍**

    在学习 After Effects 2020 之前，应了解一下 After Effects 的应用领域。只有认识了 After Effects 的软件特点和功能特色，才能更有效率地学习和应用 After Effects，从而为我们的工作和学习带来便利。

课堂学习目标

第 1 章

知识目标

● 了解 After Effects 的应用领域

技能目标

● 了解动态图形制作
● 了解视频包装制作
● 了解视觉特效制作

素养目标

● 培养在 After Effects 软件学习中不断加强兴趣的能力
● 培养获取 After Effects 软件新知识的基本能力
● 培养树立文化自信、职业自信的能力

1.1 After Effects 概述

Adobe After Effects 是一款由 Adobe 公司开发的专业的视频特效和动态图形合成软件。After Effects 拥有许多强大的功能，为用户创建出色的视觉效果和动画提供了便利，广泛应用于电影制作、电视广告、网络视频、动画制作等领域。

After Effects
的概述

1.2 After Effects 的应用领域

随着互联网技术和 After Effects 软件的发展，After Effects 的应用领域越来越广泛。下面介绍 After Effects 的主要应用领域。

After Effects
的应用领域

1.2.1 动态图形制作

动态图形，英文全称为 Motion Graphics，简称 MG。动态图形是一种融合了图形设计与影视动画的视觉语言，在视觉表现上基于平面设计的原理，技术上融入影视动画制作的方法。动态图形的表现形式非常丰富，主要应用领域包括动态标志、商业广告、节目包装、影视片头等。应用 After Effects 强大的功能，可以制作出多样的动态图形效果，如图 1-1 所示。

图 1-1

1.2.2 视频包装制作

视频包装制作主要包括对影视、电视节目、广告、宣传片等项目的包装制作，应用 After Effects 的视频编辑和动画制作工具，可以创建影片字幕、片头、片尾和过渡效果，可以利用关键帧或表达式将任何内容转换为动画，从而获得丰富的表现效果，出色地完成视频包装制作任务，如图 1-2 所示。

图 1-2

1.2.3 视觉特效制作

应用 After Effects 强大的视频特效编辑工具和命令，可以在视频中设计制作出令人震撼的特殊效果，包括移除不需要的物体，制作火焰、下雨、爆炸等多种特殊效果，还可以创建 VR 视频，让观众沉浸其中，如图 1-3 所示。

图 1-3

第 2 章

After Effects 入门知识

02

▶ **本章介绍**

　　本章对 After Effects 2020 的工作界面、基础术语、文件格式、渲染与输出进行详细讲解。读者通过对本章的学习，可以快速了解并掌握 After Effects 的入门知识，为后面的学习打下坚实的基础。

课堂学习目标

第 2 章

知识目标

- 了解 After Effects 2020 工作界面
- 掌握 After Effects 2020 基础知识
- 了解文件格式、视频输出的设置及视频文件的打包设置
- 了解渲染与输出的方法

技能目标

- 熟练掌握 After Effects 2020 工作界面的使用方法
- 熟练掌握 After Effects 2020 基础知识
- 熟练掌握文件输出与渲染的方法

素养目标

- 培养能够理解并应用基础术语的能力
- 培养具有对于不同的文件格式有清晰认知的能力
- 培养在学习和操作软件过程中具有耐心和持之以恒的能力

2.1 工作界面

After Effects 允许用户定制工作界面的布局，用户可以根据工作需要移动和重新组合工作界面中的面板。下面将详细介绍菜单栏及常用工作面板。

2.1.1 菜单栏

菜单栏几乎是所有软件都有的界面组成部分，它包含软件全部功能的命令。After Effects 2020提供了 9 项菜单，分别为文件、编辑、合成、图层、效果、动画、视图、窗口、帮助，如图 2-1所示。

文件(F) 编辑(E) 合成(C) 图层(L) 效果(T) 动画(A) 视图(V) 窗口 帮助(H)

图 2-1

2.1.2 "项目"面板

导入 After Effects 2020 中的所有文件，以及创建的所有合成文件、图层等，都可以在"项目"面板中找到，并可以清楚地看到每个文件的类型、大小、媒体持续时间、文件路径等。选中某个文件后，可以在"项目"面板的上部查看对应的缩略图和属性，如图 2-2 所示。

图 2-2

2.1.3 "工具"面板

"工具"面板中包含经常使用的工具，有些工具按钮不是单独的按钮，在右下角有三角标记的工具按钮都含有多重工具选项。例如，在"矩形工具"■上按住鼠标左键不放就会展开新的工具选项，可拖动鼠标进行选择。

"工具"面板如图 2-3 所示，包括"选取工具"▶、"手形工具"✋、"缩放工具"🔍、"旋转工具"↻、"统一摄像机工具"🎥、"向后平移（锚点）工具"▦、"矩形工具"■、"钢笔工具"✒、"横排文字工具"T、"画笔工具"🖌、"仿制图章工具"🏛、"橡皮擦工具"◇、"Roto 笔刷工具"🖌、"人偶位置控点工具"📌、"本地轴模式工具"人、"世界轴模式工具"人、"视图轴模式工具"🗗等。

图 2-3

2.1.4 "合成"面板

"合成"面板可直接显示素材组合效果处理后的合成画面。该面板具有预览功能，而且用户可以在该面板中对素材进行编辑（如调整大小和分辨率），调整面板的显示比例、视图模式、当前时间、显示标尺及图层线框等。"合成"面板是 After Effects 2020 中非常重要的工作面板，如图 2-4 所示。

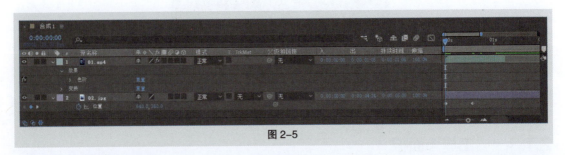

图 2-4

2.1.5 "时间轴"面板

在"时间轴"面板中，可以精确设置合成中各种素材的位置、时间、特效和属性等，可以进行影片的合成，还可以进行层的顺序调整和关键帧动画的操作，如图 2-5 所示。

图 2-5

2.2 基础知识

在常见的影视制作中，素材的输入和输出格式设置不统一、视频标准多样化，都会导致视频产生变形、抖动等，还会出现视频分辨率和像素比的标准问题。这些都是在制作前需要了解清楚的。

基础知识

2.2.1 像素比

不同规格的设备的像素长宽比（即像素比）都是不一样的，在计算机中播放时，像素长宽比使用方形像素；在电视上播放时，像素长宽比使用 D1/DV PAL（1.09），以保证在实际播放时画面不变形。

选择"合成 > 新建合成"命令，或按"Ctrl+N"组合键，在弹出的"合成设置"对话框中可设置像素比，如图 2-6 所示。

选择"项目"面板中的视频素材，选择"文件 > 解释素材 > 主要"命令，弹出图 2-7 所示的对话框，在这里可以对导入的素材进行设置，其中可以设置帧速率、场和像素比等。

图 2-6　　　　　　　　　　　　　　　图 2-7

2.2.2　分辨率

普通电视和 DVD 的分辨率是 720 像素 ×576 像素。设置软件时应尽量使用同一尺寸，以保证分辨率的统一。

过大分辨率的图像在制作时会占用大量制作时间和计算机资源，过小分辨率的图像则会使图像在播放时清晰度不够。

选择"合成 > 新建合成"命令，或按"Ctrl+N"组合键，在弹出的对话框中进行设置，如图 2-8 所示。

图 2-8

2.2.3 帧速率

PAL 制式电视的播放设备使用的是每秒 25 幅画面（也就是 25 帧每秒）的帧速率，只有使用正确的帧速率才能流畅地播放动画。过高的帧速率会导致资源浪费，过低的帧速率会使画面播放不流畅从而产生抖动。

选择"文件 > 项目设置"命令，或按"Ctrl+Alt+Shift+K"组合键，在弹出的对话框中选择"时间显示样式"选项卡，如图 2-9 所示，完成帧速率的修改后单击"确定"按钮。

图 2-9

提示： 这里设置的是时间轴的显示方式。如果要按帧制作动画可以选择帧方式显示，这样不会影响最终的动画帧速率。

也可选择"合成 > 新建合成"命令，在弹出的对话框中设置帧速率，如图 2-10 所示。

选择"项目"面板中的视频素材，选择"文件 > 解释素材 > 主要"命令，在弹出的对话框中可以改变帧速率，如图 2-11 所示。

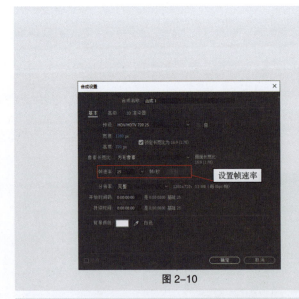

图 2-10

图 2-11

提示： 如果是动画序列，需要将帧速率值设置为 25 帧每秒；如果是动画文件，则不需要修改帧速率。因为动画文件会自动包括帧速率信息，并且会被 After Effects 识别，如果修改这个设置会改变原有动画的播放速度。

2.2.4 安全框

安全框以外的部分将不会显示，安全框以内的部分则完全显示。

单击"选择网格和参考线选项"按钮 ，在弹出的列表中选择"标题 / 动作安全"选项，即可打开安全框参考可视范围，如图 2-12 所示。

图 2-12

2.2.5 场

场是隔行扫描的产物，扫描一帧画面时由上到下进行，扫描一次叫作一个场，先扫描奇数行，再扫描偶数行，两次扫描完成一幅图像。在扫描每秒 25 幅图像时，每秒需要由上到下扫描 50 次，也就是每个场间隔 1/50s。如果制作奇数行和偶数行间隔 1/50s 的有场图像，就可以在隔行扫描的每秒 25 帧的电视上显示 50 幅图像。图像多了自然流畅，跳动的效果就会减弱，但是场会加重图像锯齿。

要在 After Effects 中将有"场"的文件导入，可以选择"文件 > 解释素材 > 主要"命令，在弹出的对话框中进行设置，如图 2-13 所示。

在 After Effects 输出有场的文件的操作如下。

按"Ctrl+M"组合键，弹出"渲染队列"面板，单击"最佳设置"按钮，在弹出的"渲染设置"对话框的"场渲染"下拉列表中选择输出场的方式，如图 2-14 所示。

图 2-13

图 2-14

如果出现画面跳格，是因为30帧转换25帧产生帧丢失，需要选择3:2 Pulldown的一种场偏移方式。

2.2.6 运动模糊

运动模糊会产生拖尾效果，使每帧画面更接近，减少因画面之间差距大而引起的闪烁或抖动，但这要牺牲图像的清晰度。

按"Ctrl+M"组合键，弹出"渲染队列"面板，单击"最佳设置"按钮，在弹出的"渲染设置"对话框中进行运动模糊设置，如图2-15所示。

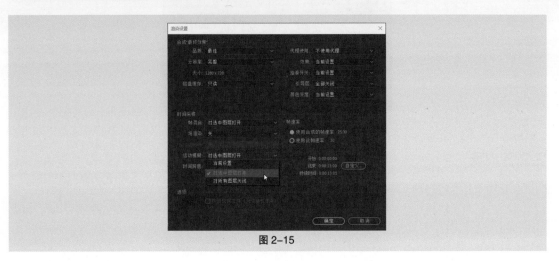

图2-15

2.2.7 帧混合

帧混合是用来消除画面轻微抖动的方法，在有场的素材中也可以用来抗锯齿，但效果有限。在After Effects中，帧混合设置如图2-16所示。

按"Ctrl+M"组合键，弹出"渲染队列"面板，单击"最佳设置"按钮，在弹出的"渲染设置"对话框中设置帧混合参数，如图2-17所示。

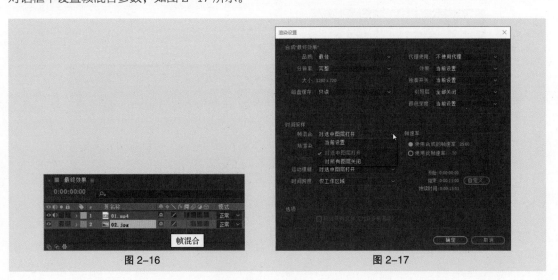

图2-16   图2-17

2.2.8 抗锯齿

锯齿的出现会使图像粗糙、不精细。提高图像质量是抗锯齿的主要办法，但有场的图像只能通过添加模糊、牺牲清晰度来抗锯齿。

按"Ctrl+M"组合键，弹出"渲染队列"面板，单击"最佳设置"按钮，在弹出的"渲染设置"对话框中设置抗锯齿参数，如图 2-18 所示。

如果是矢量图形，可以单击"消隐 – 在时间轴中隐藏图层"按钮🔲，一帧一帧地重新计算矢量图形的分辨率，如图 2-19 所示。

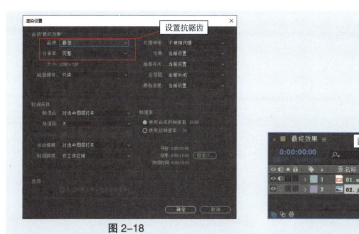

图 2-18

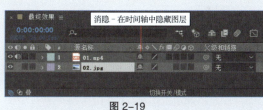

图 2-19

2.3 文件输出

在 After Effects 2020 中，有图形图像文件格式、常用视频压缩编码格式、常用音频压缩编码格式等多种文件格式。用户可以在 After Effects 2020 中进行视频输出的设置和视频文件的打包设置。

文件输出

2.3.1 常用图形图像文件格式

1. GIF 格式

图像交互格式（Graphics Interchange Format，GIF）是 CompuServe 公司开发的存储 8 位图像的文件格式，支持图像的透明背景，采用无失真压缩技术，多用于网页制作和网络传输。

2. JPEG 格式

联合图像专家组（Joint Photographic Experts Group，JPEG）格式是采用静止图像压缩编码技术的图像文件格式，是目前网络上应用最广的图像格式，支持不同的压缩比。

3. BMP 格式

BMP 格式最初是 Windows 操作系统的画图程序使用的图像文件格式，现在已经被多种图形图像处理软件支持和使用。它是位图格式，有单色位图、16 色位图、256 色位图、24 位真彩色位图等。

4. PSD 格式

PSD 格式是 Adobe 公司开发的图像处理软件 Photoshop 使用的图像文件格式，它能保留 Photoshop 制作流程中各图层的图像信息，现有越来越多的图像处理软件开始支持这种图像文件格式。

5. TIFF 格式

TIFF（Tag Image File Format）格式是 Aldus 和 Microsoft 公司为扫描仪和台式计算机出版软件开发的图像文件格式。

6. EPS 格式

EPS（Encapsulated PostScript）格式包含矢量图形和位图图像，几乎支持所有的图形和页面排版程序。EPS 格式用于在应用程序间传输 PostScript 语言图稿。在 Photoshop 中打开其他程序创建的包含矢量图形的 EPS 文件时，Photoshop 会对此文件进行栅格化，将矢量图形转换为位图图像。EPS 格式支持多种颜色模式，但不支持 Alpha 通道，还支持剪贴路径。

2.3.2 常用视频压缩编码格式

1. AVI 格式

音频视频交错（Audio Video Interleaved，AVI）格式可以将视频和音频交织在一起同步播放。AVI 格式的优点是图像质量好，可以跨多个平台使用；缺点是文件过于庞大，更加糟糕的是压缩标准不统一，因此经常会遇到高版本 Windows 媒体播放器播放不了采用早期编码结构编辑的 AVI 格式视频，而低版本 Windows 媒体播放器又播放不了采用较新编码结构编辑的 AVI 格式视频的情况。

2. DV-AVI 格式

目前非常流行的数码摄像机就是使用 DV-AVI（Digital Video AVI）格式记录视频数据的。可以通过计算机的 IEEE 1394 端口传输视频数据到计算机，也可以将计算机中编辑好的视频数据回录到数码摄像机中。因为这种格式的文件扩展名一般也是 .avi，所以人们习惯叫它 DV-AVI 格式。

3. MPEG 格式

动态图像专家组（Moving Picture Experts Group，MPEG）格式是 VCD、SVCD、DVD 使用的格式。MPEG 格式是运动图像的压缩算法的国际标准，它采用有损压缩方法来减少运动图像中的冗余信息。MPEG 格式的压缩方法说得更加深入一些就是保留相邻两幅画面绝大多数相同的部分，而把后续图像中与前面图像冗余的部分去除，从而达到压缩的目的。目前 MPEG 格式有 3 个压缩标准，分别是 MPEG-1、MPEG-2 和 MPEG-4。

⊙ MPEG-1。它是针对 1.5Mbit/s 以下数据传输速率的数字存储媒体运动图像及其伴音编码设计的国际标准，也就是通常见到的 VCD 制式格式。这种格式的文件扩展名包括 .mpg、.mlv、.mpe、.mpeg 及 VCD 中的 .dat 等。

⊙ MPEG-2。其设计目标为高级工业标准的图像质量以及更高的传输速率。这种格式主要应用在 DVD/SCVD 的制作（压缩）方面，同时在一些高清电视（High Definition Television，HDTV）和一些高要求视频编辑、处理上也有应用。这种格式的文件扩展名包括 .mpg、.mlv、.mpe、.mpeg、m2v 及 DVD 中的 .vob 等。

⊙ MPEG-4。MPEG-4 是为了播放流式媒体的高质量视频专门设计的，它可以利用很窄的带宽，通过帧重建技术压缩和传输数据，以求使用最少的数据获得最佳的图像质量。MPEG-4 最有吸引力的地方在于它能够保存接近于 DVD 画质的小视频文件。这种格式的文件扩展名包括 .asf、.mov、.divx 和 .avi 等。

4. DivX 格式

DivX 格式是由 MPEG-4 衍生出的另一种视频编码（压缩）标准，也就是通常所说的 DVDrip 格式，它在采用 MPEG-4 的压缩算法的同时，综合了 MPEG-4 与 MP3 各方面的技术，也就是使用 DivX 压缩技术对 DVD 盘片的视频图像进行高质量压缩，同时使用 MP3 和 AC3 对音频进行压缩，然后将视频与音频合成并加上相应的外挂字幕文件。这种格式的文件画质接近 DVD 并且大小只有 DVD 的数分之一。

5. MOV 格式

MOV 格式是由美国苹果（Apple）公司开发的一种视频格式，默认的播放器是 Quick Time Player。它具有较高的压缩比和较完美的视频清晰度，但是其最大的特点还是跨平台性，不仅支持 macOS，而且支持 Windows 系统。

6. ASF 格式

ASF（Advanced Streaming Format）是微软公司为了和现在的 RealPlayer 竞争而推出的一种视频格式，可以直接使用 Windows Media Player 播放 ASF 格式的视频。由于它使用了 MPEG-4 的压缩算法，所以压缩比和图像的质量都很不错。

7. RM 格式

RM 格式是 RealNetworks 公司制定的音频视频压缩规范，RM 是 Real Media 的缩写，用户可以使用 RealPlayer 和 Real One Player 定时播放符合 RM 技术规范的网络音频 / 视频资源，并且 RM 还可以根据不同的网络传输速率制定出不同的压缩比，从而实现在低速率的网络上实时传送和播放影像数据。这种格式的另一个特点是用户使用 RealPlayer 或 Real One Player 可以在不下载音频 / 视频内容的情况下，实现在线播放。

8. RMVB 格式

RMVB 格式是一种由 RM 视频格式升级延伸出的视频格式，RMVB 格式的先进之处在于改变了原 RM 格式那种平均压缩采样的方式，在保证平均压缩比的基础上，合理利用浮动比特率编码方式，即静止和动作场面少的画面场景采用较低的编码速率，这样可以留出更多的带宽空间，而这些带宽会在出现快速运动的画面场景时被利用。这样在保证静止画面质量的前提下，大幅提高运动画面的质量，从而使画面质量和文件大小之间达到巧妙的平衡。

2.3.3 常用音频压缩编码格式

1. CD 格式

当今音质最好的音频格式之一是 CD 格式。在大多数播放软件的"打开文件类型"中，都可以看到 .cda 文件，这就是 CD 音轨。标准 CD 格式采用 44.1kHz 的采样频率，16 位量化位数，传输速率为 88kbit/s，因为 CD 音轨可以说是近似无损的，所以它的声音是非常接近原声的。

CD 光盘可以在 CD 唱片机中播放，也能用计算机中的各种播放软件来重放。一个 CD 音频文件是一个 .cda 文件，这只是一个索引信息，并不真正包含声音信息。所以不论 CD 音乐长短，在计算机上看到的 .cda 文件都是 44 字节。

> **提示：** 不能直接将 .cda 文件复制到硬盘上播放，需要使用 EAC 等抓取音轨软件把 CD 格式的文件转换成 WAV 格式。如果光盘驱动器质量过关而且 EAC 的参数设置得当，可以说 EAC 能够基本上无损抓取音频，推荐大家使用这种方法。

2. WAV 格式

WAV 格式是微软公司开发的一种声音文件格式，它符合资源交换标准文档（Resource Interchange File Format，RIFF）文件规范，用于保存 Windows 平台的音频资源，被 Windows

平台及其应用程序支持。WAV 格式支持 MSADPCM、CCITT ALAW 等多种压缩算法，支持多种音频位数、采样频率和声道，标准 WAV 格式和 CD 格式一样，也是 44.1kHz 的采样频率，传输速率为 88 kbit/s，16 位量化位数。

3. MP3 格式

MP3 格式诞生于 20 世纪 80 年代的德国，MP3 指的是 MPEG 标准中的音频部分，也就是 MPEG 音频层。音频根据压缩质量和编码处理的不同分为 3 层，分别对应 .mp1、.mp2、.mp3 这 3 种声音文件。

> **提示：** MPEG 音频文件的压缩是一种有损压缩，MPEG-3 音频编码具有 10:1—12:1 的高压缩比，同时基本保持低音频部分不失真，但是牺牲了声音文件中 12kHz ~ 16kHz 高音频部分的质量来减小文件大小。

相同时长的音乐文件，用 MP3 格式来存储，大小一般只有 WAV 格式文件的 1/10，而音质次于 CD 格式或 WAV 格式的声音文件。

4. MIDI 格式

MIDI（Music Instrument Digital Interface，乐器数字接口）格式允许数字合成器与其他设备交换数据。MIDI 文件并不是一段录制好的声音，而是记录声音的信息，然后告诉声卡如何再现声音的一组指令。这样一个 MIDI 文件每存储 1 分钟的声音只用 5KB~10KB。

MIDI 文件主要用于保存原始乐器作品、流行歌曲的业余表演、游戏音轨以及电子贺卡等。MIDI 文件重放的效果完全依赖于声卡的档次。MIDI 格式主要应用于计算机作曲领域。MIDI 文件可以用作曲软件生成，也可以通过声卡的 MIDI 口把外接乐器演奏的乐曲输入计算机中，制成 MIDI 文件。

5. WMA 格式

WMA（Windows Media Audio）格式的音质要强于 MP3 格式，它和日本雅马哈（YAMAHA）公司开发的 VQF 格式一样，以减少数据流量但保持音质的方法来达到比 MP3 格式压缩比更高的目的，WMA 格式的压缩比一般可以达到 1:18。

WMA 格式的另一个优点是内容提供商可以通过数字权利管理（Digital Rights Management，DRM）方案（如 Windows Media Rights Manager 7）设置防复制保护。这种内置的版权保护技术可以限制播放时间和播放次数，甚至播放设备等，这对被盗版搅得焦头烂额的音乐公司来说是一个福音。另外，WMA 格式还支持音频流（Stream）技术，适合在线播放。

2.3.4 视频输出的设置

按 "Ctrl+M" 组合键，弹出 "渲染队列" 面板，单击 "输出模块" 选项右侧的 "无损" 按钮，弹出 "输出模块设置" 对话框，在该对话框中可以对视频的输出格式及其相应的编码方式，视频大小、比例以及音频等进行设置，如图 2-20 所示。

格式：在 "格式" 下拉列表中可以选择输出格式和输出图片序列，一般使用 TGA 格式的序列文件，输出样品成片可以使用 AVI 格式和 MOV 格式，输出贴图可以使用 TIF 和 PIC 格式。

格式选项：在输出图片序列时，单击该按钮，在打开的对话框中可以选择输出颜色位数；在输出影片时，单击该按钮，在打开的对话框中可以设置压缩方式和压缩比。

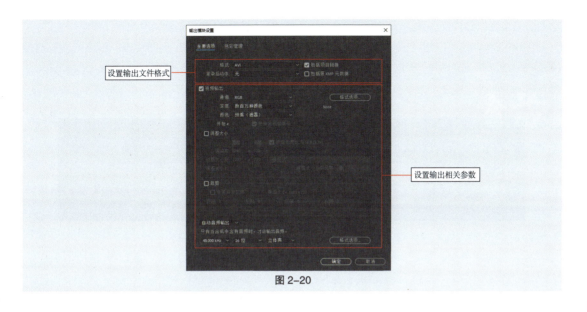

设置输出文件格式

设置输出相关参数

图 2-20

2.3.5　视频文件的打包设置

　　一些影视合成中用到的素材可能分布在硬盘的各个地方，因此在另外的设备上打开工程文件时会碰到部分文件丢失的情况。如果要一个一个地把素材找出来并复制显然很麻烦，使用"打包"命令可以自动把文件收集在一个目录中并打包。

　　选择"文件 > 整理工程（文件）> 收集文件"命令，在弹出的对话框中设置相关选项后单击"收集"按钮，即可完成打包操作，如图 2-21 所示。

图 2-21

2.4　渲染输出

　　对于制作完成的影片，渲染输出的好坏能直接影响影片的质量。进行渲染输出的相关设置可以使影片在不同的媒介设备上都能有很好的播放效果，也方便用户的作品在各种媒介上传播。

渲染集输出

2.4.1　渲染

　　渲染在整个影视制作过程中是最后一步，也是相当关键的一步。即使前面的制作再精妙，不成功的渲染也会导致作品失败，渲染方式将影响影片最终呈现的效果。

  After Effects 可以将合成项目渲染输出成视频文件、音频文件和序列图片等。输出的方式有两种：一种是选择"文件 > 导出"命令直接输出单个合成项目；另一种是选择"合成 > 添加到渲染队列"命令，将一个或多个合成项目添加到渲染队列中，逐一批量输出，如图 2-22 所示。

图 2-22

  其中，通过"文件 > 导出"命令输出时，可选的格式和解码方式较少；通过"合成 > 添加到渲染队列"命令输出时，可以进行非常高级的专业控制，并且有多种格式和解码方式可选。因此，这里主要介绍如何使用"渲染队列"面板进行输出。

1. "渲染队列"面板

  在"渲染队列"面板中，可以控制整个渲染进程，调整各个合成项目的渲染顺序，设置每个合成项目的渲染质量、输出格式和路径等。在将项目添加到渲染队列时，"渲染队列"面板将自动打开，如果不小心关闭了，可以选择"窗口 > 渲染队列"命令，或按"Ctrl+Shift+0"组合键，再次打开此面板。

  单击"当前渲染"左侧的小箭头按钮 ⟩，显示的信息如图 2-23 所示，主要包括当前正在渲染的合成项目的进度、正在执行的操作、文件大小、预估的最终文件大小、可用磁盘空间等。

图 2-23

渲染队列区如图 2-24 所示。

图 2-24

  需要渲染的合成项目都将逐一排列在渲染队列中，在此，可以设置项目的"渲染设置""输出模块"（输出模式、格式和解码方式等）和"输出到"（文件名和路径）等。

  渲染：是否进行渲染操作，只有选中的合成项目才会被渲染。

![标签图标]：选择标签颜色，用于区分不同类型的合成项目，方便用户识别。

#：队列序号，决定渲染的顺序，可以上下拖曳合成项目，改变合成项目的排列顺序。

合成名称：合成项目的名称。

状态：当前状态。

已启动：渲染开始的时间。

渲染时间：渲染花费的时间。

单击"渲染设置"和"输出模块"选项左侧的小箭头按钮![箭头]展开具体设置信息，如图 2-25 所示。单击选项右侧的![箭头]按钮可以选择已有的预设，单击选项右侧的标题文字，可以打开具体的设置对话框。

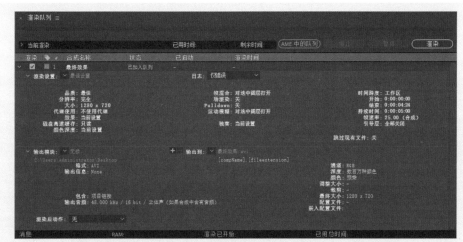

图 2-25

2. 渲染设置选项

进行渲染设置的方法为：单击"渲染设置"右侧的"最佳设置"标题文字，弹出"渲染设置"对话框，如图 2-26 所示。

图 2-26

（1）"合成'最终效果'"设置区如图 2-27 所示。

图 2-27

　　品质：设置图层质量，其中，"当前设置"表示采用各图层的当前设置，即根据"时间轴"面板中各图层属性开关面板上的图层画质设定而定；"最佳"表示全部采用最好的质量（忽略各图层的质量设置）；"草图"表示全部采用粗略质量（忽略各图层的质量设置）；"线框"表示全部采用线框模式（忽略各图层的质量设置）。

　　分辨率：设置像素采样质量，其中包括完整、二分之一、三分之一和四分之一；另外，还可以选择"自定义"选项，在弹出的"自定义分辨率"对话框中自定义分辨率。

　　磁盘缓存：决定是否采用"首选项"对话框（选择"编辑 > 首选项"命令打开）中媒体和磁盘缓存的内存缓存设置，如图 2-28 所示。选择"只读"表示不采用当前"首选项"对话框中的设置，而且在渲染过程中，不会有任何新的帧被写入内存缓存中。选择"当前设置"表示采用"首选项"对话框中的设置进行渲染。

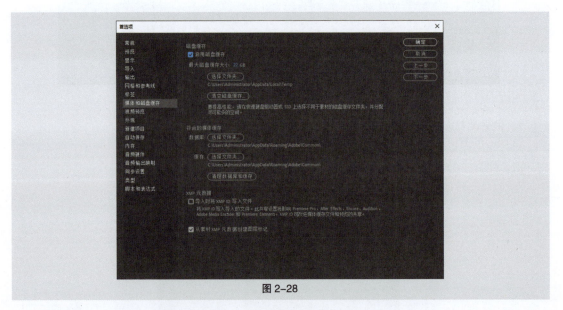

图 2-28

　　代理使用：是否使用代理素材，其中，"当前设置"表示采用当前"项目"面板中各素材当前的设置，"使用所有代理"表示全部使用代理素材进行渲染，"仅使用合成的代理"表示只对合成项目使用代理素材，"不使用代理"表示全部不使用代理素材。

　　效果：是否采用特效滤镜，其中，"当前设置"表示采用当前"时间轴"面板中各个特效当前的设置；"全部开启"表示启用所有的特效滤镜，即使某些滤镜 *fx* 处于暂时关闭状态；"全部关闭"表示关闭所有特效滤镜。

　　独奏开关：指定是否只渲染"时间轴"面板中"独奏"开关 ◎ 开启的图层，选择"全部关闭"则表示不考虑独奏开关。

引导层：指定是否只渲染参考图层。

颜色深度：选择色深，如果是标准版的 After Effects，则设有"每通道 8 位""每通道 16 位""每通道 32 位"3 个选项。

（2）"时间采样"设置区如图 2-29 所示。

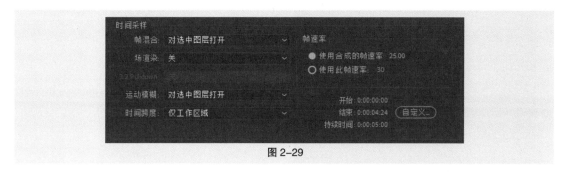

图 2-29

帧混合：是否采用帧混合功能，其中，"当前设置"表示根据当前"时间轴"面板中的"帧混合开关"![icon]的状态和各个图层"帧混合模式"![icon]的状态来决定是否使用帧混合功能；"对选中图层打开"表示忽略"帧混合开关"![icon]的状态，对所有设置了"帧混合模式"![icon]的图层应用帧混合功能；"对所有图层关闭"表示不启用帧混合功能。

场渲染：指定是否采用场渲染方式，其中，"关"表示渲染成不含场的视频，"高场优先"表示渲染成上场优先的含场的视频，"低场优先"表示渲染成下场优先的含场的视频。

3 ：2 Pulldown：选择 3 ：2 下拉的引导相位法。

运动模糊：选择是否采用运动模糊功能，其中，"当前设置"表示根据当前"时间轴"面板中"运动模糊开关"![icon]的状态和各个图层"运动模糊"![icon]的状态来决定是否使用运动模糊功能；"对选中图层打开"表示忽略"运动模糊开关"![icon]，对所有设置了"运动模糊"![icon]的图层应用运动模糊功能；"对所有图层关闭"表示不启用运动模糊功能。

时间跨度：定义当前合成项目的渲染的时间范围，其中，"合成长度"表示渲染整个合成项目，也就是合成项目设置了多长的持续时间，输出的影片就有多长时间；"仅工作区域"表示根据"时间轴"面板中设置的工作环境范围来设定渲染的时间范围（按"B"键，工作范围开始；按"N"键，工作范围结束）；"自定义"表示自定义渲染的时间范围。

使用合成的帧速率：使用合成项目中设置的帧速率。

使用此帧速率：使用此处设置的帧速率。

（3）"选项"设置区如图 2-30 所示。

图 2-30

跳过现有文件（允许多机渲染）：勾选此复选框将自动忽略已存在的序列图片，即忽略已经渲染的序列帧图片，此功能主要用在网络渲染时。

3．输出模块设置

渲染设置完成后，接下来设置输出模块，主要是设定输出的格式和解码方式等。单击"输出模块"右侧的"无损"标题文字，弹出"输出模块设置"对话框，如图 2-31 所示。

（1）基础设置区如图 2-32 所示。

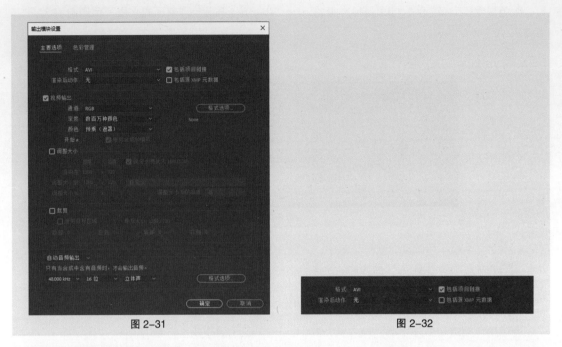

图 2-31   图 2-32

　　格式：设置输出的文件格式，如播放器的 QuickTime、AVI、"JPEG"序列、"WAV"格式等，可选择的格式非常多。

　　渲染后动作：指定 After Effects 软件是否使用刚渲染的文件作为素材或者代理素材，其中，"导入"表示渲染完成后，自动作为素材置入当前项目中；"导入和替换用法"表示渲染完成后，自动置入项目中替代合成项目，包括这个合成项目被嵌入其他合成项目中的情况；"设置代理"表示渲染完成后，作为代理素材置入项目中。

　　（2）视频设置区如图 2-33 所示。

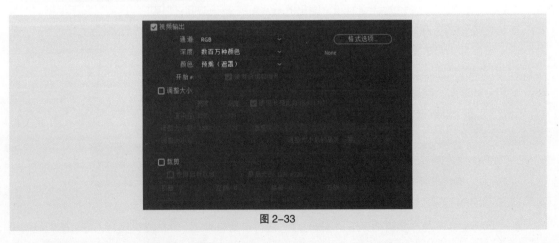

图 2-33

　　视频输出：选择是否输出视频信息。

　　⊙ 通道：选择输出的通道，包括"RGB"（3 个色彩通道）、"Alpha"（仅输出 Alpha 通道）和"RGB+ Alpha"（3 个色彩通道和 Alpha 通道）。

　　⊙ 深度：选择色深。

After Effects 核心应用案例教程（After Effects 2020）（全彩慕课版）

⊙ 颜色：指定输出的视频包含的 Alpha 通道为哪种模式，是"直通（无遮罩）"模式还是"预乘（遮罩）"模式。

⊙ 开始 # ：当选择的输出的格式是序列图片时，在这里可以指定序列图片的文件名序列数，为了将来方便识别，也可以勾选"使用合成帧编号"复选框，让输出的序列图片数字就是其帧数字。

⊙ 格式选项：用于选择视频的编码方式。虽然之前确定了输出的格式，但是每种文件格式又有多种编码方式，不同的编码方式会生成质量完全不同的影片，最后生成的文件的大小也会有所不同。

⊙ 调整大小：是否对画面进行缩放处理。

⊙ 调整大小到：缩放的具体宽高值，也可以从右侧的下拉列表中选择。

⊙ 调整大小后的品质：缩放质量选择。

⊙ 锁定长宽比为 16 ：9（1.78）：是否强制宽高比为定值。

⊙ 裁剪：是否裁切画面。

⊙ 使用目标区域：仅采用"合成"面板中的"目标区域工具"  确定的画面区域。

⊙ 顶部、左侧、底部、右侧：设置被裁切掉的像素。

（3）音频设置区如图 2-34 所示。

图 2-34

自动音频输出：输出音频信息。

格式选项：选择音频的编码方式，也就是用什么压缩方式压缩音频信息。

音频质量设置：包括频率、位数、立体声和单声道设置。

4. 渲染和输出的预设

虽然 After Effects 提供了众多的"渲染设置"和"输出模块"预设，不过可能还是不能满足某些个性化需求。用户可以将常用的设置存储为自定义的预设，以后进行输出操作时，不需要一遍遍地反复设置，只需要单击▼按钮，在弹出的下拉列表中选择即可。

"渲染设置模板"对话框和"输出模块模板"对话框如图 2-35 和图 2-36 所示，可以选择"渲染设置"和"输出模块"的预设，调出对话框的方法是选择"编辑 > 模板 > 渲染设置"命令和"编辑 > 模板 > 输出模块"命令。

图 2-35

图 2-36

5. 编码和解码问题

完全不压缩的视频和音频数据量是非常庞大的，因此在输出时需要通过特定的压缩技术对数据进行压缩处理，以减小最终的文件大小，便于传输和存储。这样就产生了输出时选择恰当的编码器，播放时使用相应的解码器进行解压还原画面的过程。

目前视频流传输中非常重要的编码标准有国际电信联盟的 H.261、H.263，运动静止图像专家组的 M-JPEG 和国际标准化组织运动图像专家组的 MPEG 系列标准，此外互联网上广泛应用的编码标准还有 RealNetworks 公司的 RealVideo、微软公司的 WMT 以及苹果公司的 QuickTime 等。

在输出时，最好选择普遍使用的编码器和文件格式，或者是目标客户平台共有的编码器和文件格式，否则，在其他播放环境中播放时，会因为缺少解码器或相应的播放器而无法看见视频或者听到声音。

2.4.2 输出

可以将设计制作好的视频以多种方式输出，如输出标准视频、输出合成项目中的某一帧等。下面介绍视频输出方式。

1. 输出标准视频

（1）在"项目"面板中，选择需要输出的合成项目。

（2）选择"合成 > 添加到渲染队列"命令，或按"Ctrl+M"组合键，将合成项目添加到渲染队列中。

（3）在"渲染队列"面板中设置渲染属性、输出格式和输出路径。

（4）单击"渲染"按钮开始渲染运算，如图 2-37 所示。

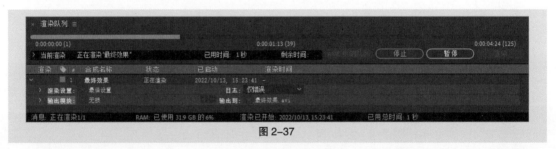

图 2-37

如果需要将合成项目渲染成多种格式或者使用多种解码方式，可以在第（3）步之后，选择"图像合成 > 添加输出组件"命令，添加输出格式和指定另一个输出文件的路径、名称，这样可以方便地做到"一次创建，任意发布"。

2. 输出合成项目中的某一帧

（1）在"时间轴"面板中，将当前时间标签移到目标帧。

（2）选择"合成 > 帧另存为 > 文件"命令，或按"Ctrl+Alt+S"组合键，将渲染任务添加到渲染队列中。

（3）单击"渲染"按钮开始渲染运算。

另外，如果选择"合成 > 帧另存为 > Photoshop 图层"命令，则直接打开文件存储对话框，选择好路径和文件名即可完成单帧画面的输出。

第 3 章

03

时间轴

▶ 本章介绍

　　本章对 After Effects 2020 中时间轴的应用与操作进行详细讲解。读者通过对本章的学习，可以充分掌握时间轴的基本操作方法，并能够掌握时间轴的应用。

课堂学习目标

第 3 章

知识目标

- 理解图层概念
- 了解图层的基本操作
- 掌握关键帧的应用方法
- 掌握属性动画的制作方法
- 掌握时间控制的方法

技能目标

- 掌握"飞舞组合字"的制作方法
- 掌握"旅游广告"的制作方法
- 掌握"海上动画"的制作方法
- 掌握"倒放文字"的制作方法

素养目标

- 培养使用时间轴来创建各种动画和效果实现创意目标的能力
- 培养在制作复杂的动画效果时，能够保持专注力的能力
- 培养能够通过不断实践和尝试积极探索的能力

3.1 图层概念

在 After Effects 2020 中，无论是创作合成、动画，还是制作效果，都离不开图层，因此了解和掌握图层是非常有必要的。"时间轴"面板中的素材都是以图层的方式按照上下位置关系依次排列组合的，如图 3-1 所示。

图 3-1

可以将 After Effects 软件中的图层想象为一张张叠放的透明胶片，上一张有内容的地方将遮盖住下一张的内容，上一张没有内容的地方则露出下一张的内容，上一张的内容处于半透明状态时，将依据半透明程度混合显示下一张的内容，这是图层最简单、最基本的理解方式。图层与图层之间还存在更复杂的合成组合关系，如叠加模式、蒙版合成方式等。

3.2 图层的基本操作

对于图层，有改变图层上下顺序、复制图层与替换图层、给图层加标记、让图层自动适合合成图像尺寸、图层与图层对齐和自动分布等基本操作。

3.2.1 课堂案例——飞舞组合字

【案例学习目标】学习使用文字的动画控制器来实现丰富多彩的文字特效动画。

【案例知识要点】使用"导入"命令导入文件；新建合成并命名为"最终效果"，为文字添加动画控制器，设置相关的关键帧，制作文字飞舞效果并组合效果；为文字添加"斜面Alpha""阴影"立体效果。飞舞组合字效果如图 3-2 所示。

【效果所在位置】云盘 \Ch03\ 飞舞组合字 \ 飞舞组合字 .aep。

图 3-2

扫码观看
本案例视频

1. 输入文字

（1）按"Ctrl+N"组合键，弹出"合成设置"对话框，在"合成名称"文本框中输入"最终效果"，其他选项的设置如图3-3所示，单击"确定"按钮，创建一个新的合成"最终效果"。选择"文件 > 导入 > 文件"命令，在弹出的"导入文件"对话框中，选择云盘中的"Ch03\飞舞组合字\（Footage）\ 01.jpg"文件，如图3-4所示，单击"导入"按钮，导入背景图片，并将其拖曳到"时间轴"面板中。

图3-3   图3-4

（2）选择"横排文字工具" **T**，在"合成"面板中输入文字"秋 天丰收的季节"，在"字符"面板中，设置"填充颜色"为黄色（其R、G、B值分别为244、189、0），其他选项的设置如图3-5所示。"合成"面板中的效果如图3-6所示。

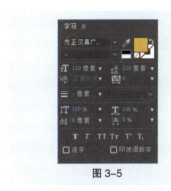 

图3-5   图3-6

（3）选中文字"秋 天"，在"字符"面板中设置文字参数，如图3-7所示。"合成"面板中的效果如图3-8所示。

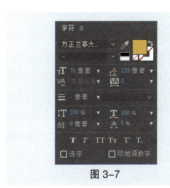 

图3-7   图3-8

（4）选中文字图层，单击"段落"面板中的"居中对齐文本"按钮，如图3-9所示。"合成"面板中的效果如图3-10所示。

图3-9　　　　　　　　　　　　　　　　　　　　　图3-10

2. 添加关键帧动画

（1）展开文字图层的"变换"属性，设置"位置"为"626.0，182.0"，如图3-11所示。"合成"面板中的效果如图3-12所示。

图3-11　　　　　　　　　　　　　　　　　　　　　图3-12

（2）单击"动画"右侧的按钮，在弹出的列表中选择"锚点"选项，如图3-13所示。在"时间轴"面板中将自动添加一个"动画制作工具1"选项组，设置"锚点"为"0.0，-30.0"，如图3-14所示。

图3-13　　　　　　　　　　　　　　　　　　　　　图3-14

（3）按照上述方法添加一个"动画制作工具2"选项组。单击"动画制作工具2"中"添加"右侧的按钮，在弹出的列表中选择"选择器 > 摆动"选项，如图3-15所示。展开"摆动选择器1"

属性，设置"摇摆/秒"为"0.0"，"关联"为"73%"，如图 3-16 所示。

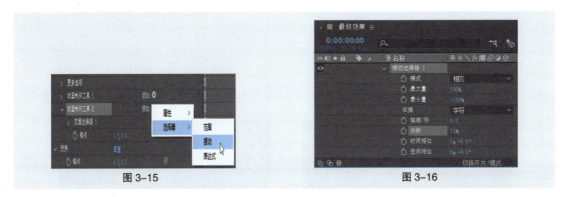

图 3-15   图 3-16

（4）再次单击"添加"右侧的 ▶ 按钮，添加"位置""缩放""旋转""填充色相"属性，分别选择后再设定各自的参数，如图 3-17 所示。在"时间轴"面板中，将时间标签放置在 0:00:03:00 的位置，分别单击这 4 个属性左侧的"关键帧自动记录器"按钮 ⏱，如图 3-18 所示，记录第 1 个关键帧。

图 3-17   图 3-18

（5）在"时间轴"面板中，将时间标签放置在 0:00:04:00 的位置，设置"位置"为"0.0,0.0"，"缩放"为"100.0,100.0%"，"旋转"为"0x+0.0°"，"填充色相"为"0x+0.0°"，如图 3-19 所示，记录第 2 个关键帧。

（6）展开"摆动选择器 1"属性，将时间标签放置在 0:00:00:00 的位置，分别单击"时间相位"和"空间相位"属性左侧的"关键帧自动记录器"按钮 ⏱，记录第 1 个关键帧。设置"时间相位"为"2x+0.0°"，"空间相位"为"2x+0.0°"，如图 3-20 所示。

图 3-19   图 3-20

（7）将时间标签放置在 0:00:01:00 的位置，如图 3-21 所示，在"时间轴"面板中，设置"时间相位"为"2x+200.0°"，"空间相位"为"2x+150.0°"，如图 3-22 所示，记录第 2 个关键帧。将时间标签放置在 0:00:02:00 的位置，设置"时间相位"为"3x+160.0°"，"空间相位"为"3x+125.0°"，如图 3-23 所示，记录第 3 个关键帧。将时间标签放置在 0:00:03:00 的位置，设置"时间相位"为"4x+150.0°"，"空间相位"为"4x+110.0°"，如图 3-24 所示，记录第 4 个关键帧。

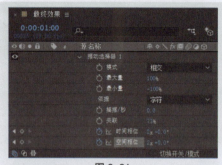

图 3-21

图 3-22

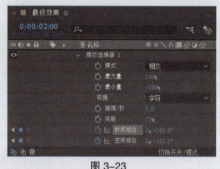

图 3-23

图 3-24

3. 添加立体效果

（1）选中文字图层，选择"效果 > 透视 > 斜面 Alpha"命令，在"效果控件"面板中设置参数，如图 3-25 所示。"合成"面板中的效果如图 3-26 所示。

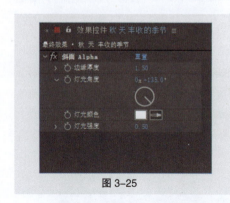

图 3-25

图 3-26

（2）选择"效果 > 透视 > 投影"命令，在"效果控件"面板中设置参数，如图 3-27 所示。"合成"面板中的效果如图 3-28 所示。

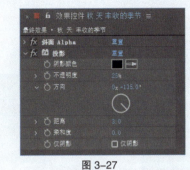

图 3-27

图 3-28

（3）在"时间轴"面板中单击"运动模糊"按钮 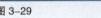，将其激活。单击文字图层右侧的"运动模糊"按钮 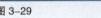，如图 3-29 所示。飞舞组合字效果制作完成，效果如图 3-30 所示。

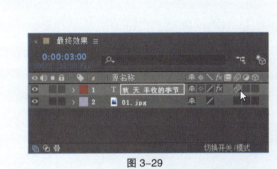

图 3-29

图 3-30

3.2.2 将素材放入"时间轴"面板

素材只有放入"时间轴"面板中才可以进行编辑。将素材放入"时间轴"面板的方法如下。

⊙ 将素材直接从"项目"面板拖曳到"合成"面板中，如图 3-31 所示，这种方式可以决定素材在合成画面中的位置。

⊙ 在"项目"面板中拖曳素材到合成层上，如图 3-32 所示。

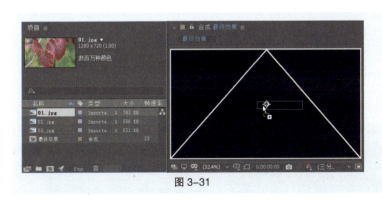

图 3-31

图 3-32

⊙ 在"项目"面板中选中素材，按"Ctrl+ /"组合键，将所选素材置入当前"时间轴"面板中。

⊙ 将素材从"项目"面板拖曳到"时间轴"面板，在未释放鼠标左键时，"时间轴"面板中显示一条蓝色线，蓝色线所在的位置为素材置入的位置，如图 3-33 所示。

⊙ 将素材从"项目"面板拖曳到"时间轴"面板，在未释放鼠标左键时，不仅显示一条蓝色线表示置入位置，同时还会在时间标尺处显示时间标签决定素材入场的时间，如图 3-34 所示。

图 3-33   图 3-34

⊙ 在"项目"面板中双击素材，通过"素材"预览面板打开素材，单击 、 两个按钮设置素材的入点和出点，再单击"波纹插入编辑"按钮 或者"叠加编辑"按钮 将素材插入"时间轴"面板，如图 3-35 所示。

图 3-35

3.2.3 改变图层顺序

改变图层顺序的方法如下。

⊙ 在"时间轴"面板中选择图层，上下拖动图层到适当的位置，可以改变图层顺序，注意观察蓝色线的位置，如图 3-36 所示。

图 3-36

⊙ 在"时间轴"面板中选择图层，通过菜单和快捷键移动图层。

① 选择"图层 > 排列 > 将图层置于顶层"命令，或按"Ctrl+Shift+]"组合键将图层移到最上方。

② 选择"图层 > 排列 > 将图层前移一层"命令，或按"Ctrl+]"组合键将图层往上移一层。

③ 选择"图层 > 排列 > 将图层后移一层"命令，或按"Ctrl+["组合键将图层往下移一层。

④ 选择"图层 > 排列 > 将图层置于底层"命令，或按"Ctrl+Shift+["组合键将图层移到最下方。

3.2.4 复制图层和替换图层

1. 复制图层

方法一如下。

（1）选中图层，选择"编辑 > 复制"命令，或按"Ctrl+C"组合键复制图层。

（2）选择"编辑 > 粘贴"命令，或按"Ctrl+V"组合键粘贴图层，粘贴出来的新图层将具有开始所选图层的所有属性。

方法二如下。

选中图层，选择"编辑 > 重复"命令，或按"Ctrl+D"组合键快速复制图层。

2. 替换图层

方法一如下。

在"时间轴"面板中选择需要替换的图层，在"项目"面板中，按住"Alt"键的同时，拖曳用于替换的新素材到"时间轴"面板，如图 3-37 所示。

方法二如下。

（1）在"时间轴"面板中需要替换的图层上单击鼠标右键，在弹出的菜单中选择"显示 > 在项目流程图中显示图层"命令，打开"流程图"面板。

（2）在"项目"面板中，拖曳用于替换的新素材到"流程图"面板中目标图层图标上，如图 3-38 所示。

图 3-37

图 3-38

3.2.5 让图层自动适合合成图像尺寸

让图层自动适合合成图像尺寸的方法如下。

⊙ 选择图层，选择"图层 > 变换 > 适合复合"命令，或按"Ctrl+Alt+F"组合键实现图层尺寸完全配合图像尺寸，如果图层的长宽比与合成图像长宽比不一致，将导致图层图像变形，如图 3-39 所示。

⊙ 选择"图层 > 变换 > 适合复合宽度"命令，或按"Ctrl+Alt+Shift+H"组合键实现图层宽度与合成图像宽度适配，如图 3-40 所示。

⊙ 选择"图层 > 变换 > 适合复合高度"命令，或按"Ctrl+Alt+Shift+G"组合键实现图层高度与合成图像高度适配，如图 3-41 所示。

图 3-39

图 3-40

图 3-41

3.2.6　图层与图层对齐和自动分布

选择"窗口 > 对齐"命令，弹出"对齐"面板，如图 3-42 所示。

图 3-42

"对齐"面板上的第一行按钮从左到右分别为"左对齐"按钮 ⬚、"水平对齐"按钮 ⬚、"右对齐"按钮 ⬚、"顶对齐"按钮 ⬚、"垂直对齐"按钮 ⬚、"底对齐"按钮 ⬚，第二行按钮从左到右分别为"按顶分布"按钮 ⬚、"垂直均匀分布"按钮 ⬚、"按底分布"按钮 ⬚、"按左分布"按钮 ⬚、"水平均匀分布"按钮 ⬚和"按右分布"按钮 ⬚。

（1）在"时间轴"面板中同时选中第 1~4 层所有文字图层。选择第 1 层，按住"Shift"键的同时选择第 4 层，如图 3-43 所示。

（2）单击"对齐"面板中的"水平对齐"按钮 ⬚，将所选中的图层水平居中对齐；再单击"垂直均匀分布"按钮 ⬚，以"合成"面板画面位置最上层和最下层为基准，平均分布中间两层，达到垂直间距一致，如图 3-44 所示。

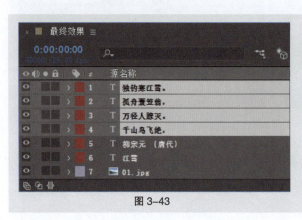
图 3-43

图 3-44

3.3 关键帧

在 After Effects 2020 中，可以添加、选择和编辑关键帧，还可以使用关键帧自动记录器来记录关键帧。下面将对关键帧的基本操作进行具体讲解。

3.3.1 课堂案例——旅游广告

【案例学习目标】学习编辑关键帧，使用关键帧制作飞机运行效果。

【案例知识要点】使用图层编辑飞机位置和旋转角度，使用"动态草图"命令绘制动画路径并自动添加关键帧，使用"平滑器"命令自动减少关键帧。旅游广告效果如图 3-45 所示。

【效果所在位置】云盘 \Ch03\ 旅游广告 \ 旅游广告 .aep。

图 3-45

（1）按"Ctrl+N"组合键，弹出"合成设置"对话框，在"合成名称"文本框中输入"最终效果"，其他选项的设置如图 3-46 所示，单击"确定"按钮，创建一个新的合成"最终效果"。选择"文件 > 导入 > 文件"命令，在弹出的"导入文件"对话框中，选择云盘中的"Ch03\ 旅游广告 \ (Footage) \ 01.jpg ~ 04.png"文件，单击"导入"按钮，导入图片到"项目"面板中，如图 3-47 所示。

图 3-46   图 3-47

（2）在"项目"面板中选中"01.jpg""02.png""03.png"文件，并将它们拖曳到"时间轴"面板中，图层的排列如图 3-48 所示。选中"02.png"图层，按"P"键，展开"位置"属性，设置"位置"为"705.0,334.0"，如图 3-49 所示。

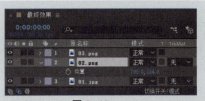

图 3-48 图 3-49

（3）选中"03.png"图层，选择"向后平移（锚点）工具" ，在"合成"面板中按住鼠标左键，调整飞机的中心点位置，如图 3-50 所示。按"P"键，展开"位置"属性，设置"位置"为"909.0，685.0"，如图 3-51 所示。

图 3-50

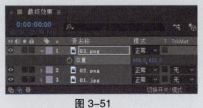

图 3-51

（4）按"R"键，展开"旋转"属性，设置"旋转"为"0x+57.0°"，如图 3-52 所示。"合成"面板中的效果如图 3-53 所示。

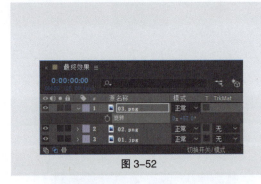

图 3-52

图 3-53

（5）选择"窗口 > 动态草图"命令，弹出"动态草图"面板，在该面板中设置参数，如图 3-54 所示，单击"开始捕捉"按钮。当"合成"面板中的鼠标指针变成十字形状时，在面板中绘制运动路径，如图 3-55 所示。

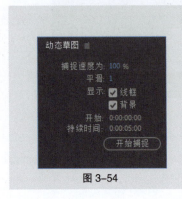

图 3-54

图 3-55

（6）选择"图层 > 变换 > 自动定向"命令，弹出"自动方向"对话框，在该对话框中选择"沿路径定向"选项，如图 3-56 所示，单击"确定"按钮。"合成"面板中的效果如图 3-57 所示。

图 3-56   图 3-57

（7）按"P"键，展开"位置"属性，单击属性名称将所有关键帧选中，或用框选的方法选中所有的关键帧，选择"窗口 > 平滑器"命令，打开"平滑器"面板，参数设置如图 3-58 所示，单击"应用"按钮。"合成"面板中的效果如图 3-59 所示。制作完成后动画就会更加流畅。

图 3-58   图 3-59

（8）在"项目"面板中选中"04.png"文件，将其拖曳到"时间轴"面板中，如图 3-60 所示。"合成"面板中的效果如图 3-61 所示。旅游广告制作完成。

图 3-60   图 3-61

3.3.2　关键帧自动记录器

After Effects 提供了非常丰富的手段用以调整和设置图层的各个属性，但是在普通状态下这种设置被看作针对整个持续时间的。如果要进行动画处理，则必须单击"关键帧自动记录器"按钮，记录两个或两个以上的、含有不同变化信息的关键帧，如图 3-62 所示。

图 3-62

关键帧自动记录器为启用状态时，After Effects 将自动记录当前时间标签下该图层该属性的任何变动，形成关键帧。如果关闭属性关键帧自动记录器，则此属性的所有已有的关键帧将被删除，由于缺少关键帧，动画信息丢失，再次调整属性时，该调整被视为针对整个持续时间的调整。

3.3.3　添加关键帧

添加关键帧的方式有很多，基本方法是首先激活某属性的关键帧自动记录器，然后改变属性值，在当前时间标签处将生成关键帧，具体操作步骤如下。

（1）选择某图层，通过单击小箭头按钮 或按属性对应的快捷键，展开图层的属性。

（2）将时间标签移动到建立第一个关键帧的时间位置。

（3）单击某属性的"关键帧自动记录器"按钮 ，时间标签所在位置将生成第一个关键帧 ，调整此属性到合适值。

（4）将时间标签移动到建立下一个关键帧的时间位置，在"合成"面板或者"时间轴"面板调整相应的图层属性，关键帧将自动生成。

（5）按"0"键，预览动画。

> **提示**：如果某图层的"蒙版"属性打开了关键帧自动记录器，那么在"图层"面板中调整蒙版时也会生成关键帧信息。

另外，单击"时间轴"控制区中的"关键帧"面板 中间的 按钮，可以添加关键帧；如果是在已经有关键帧的情况下单击此按钮，则会将已有的关键帧删除，快捷键是"Alt+Shift+ 属性快捷键"，例如"Alt+Shift+P"。

3.3.4　关键帧导航

在上一小节中，提到了"时间轴"控制区中的"关键帧"面板，此面板最主要的功能是关键帧导航，通过关键帧导航可以快速跳转到上一个或下一个关键帧，还可以方便地添加和删除关键帧。如果此面板没有出现，则单击"时间轴"面板左上方的 按钮，在弹出的菜单中选择"列数 > A/V 功能"命令，即可打开此面板，如图 3-63 所示。

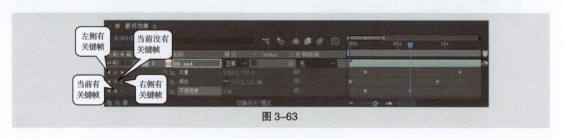

图 3-63

提示： 要对关键帧进行导航操作，就必须将关键帧呈现出来，按"U"键，可显示图层中所有关键帧。

◀：跳转到上一个关键帧，快捷键是"J"。

▶：跳转到下一个关键帧，快捷键是"K"。

提示： 关键帧导航按钮仅针对本属性的关键帧进行导航，而快捷键"J"和"K"则可以针对画面中展现的所有关键帧进行导航，这是有区别的。

"在当前时间添加或移除关键帧"按钮◇：当前无关键帧状态，单击此按钮将生成关键帧。
"在当前时间添加或移除关键帧"按钮◆：当前已有关键帧状态，单击此按钮将删除关键帧。

3.3.5 选择关键帧

1．选择单个关键帧

在"时间轴"面板中，展开某含有关键帧的属性，单击某个关键帧，此关键帧即被选中。

2．选择多个关键帧

⊙ 在"时间轴"面板中，按住"Shift"键的同时，逐个选择关键帧，即可完成多个关键帧的选择。

⊙ 在"时间轴"面板中，拖曳鼠标绘制出一个选取框，选取框内的所有关键帧即被选中，如图 3-64 所示。

3．选择某属性的所有关键帧

单击图层属性名称，即可选择该属性的所有关键帧，如图 3-65 所示。

图 3-64

图 3-65

3.3.6 编辑关键帧

1．编辑关键帧值

在关键帧上双击，在弹出的对话框中可对关键帧值进行设置，如图 3-66 所示。

提示： 双击不同的属性关键帧，弹出的对话框中呈现的内容也会不同，图 3-66 展现的是双击"位置"属性关键帧时弹出的对话框。

如果要在"合成"面板或者"时间轴"面板中调整关键帧，就必须选中关键帧，否则编辑关键帧操作将变成生成新的关键帧操作，如图 3-67 所示。

图 3-66

图 3-67

提示： 按住"Shift"键的同时，移动时间标签，时间标签将自动对齐最近的一个关键帧。如果按住"Shift"键的同时移动关键帧，关键帧将自动对齐时间标签。

要同时改变某属性的几个或所有关键帧的值，需要同时选中几个或者所有关键帧，并确定时间标签刚好对齐被选中的某一个关键帧，再进行修改，如图 3-68 所示。

图 3-68

2. 移动关键帧

选中单个或者多个关键帧，按住鼠标左键，将其拖曳到目标时间位置即可移动关键帧。还可以按住"Shift"键的同时，拖曳关键帧到时间标签所在位置时将自动吸附。

3. 复制关键帧

复制关键帧操作可以大大提高创作效率，避免一些重复性的操作，在进行粘贴操作前一定要注意当前选择的目标图层、目标图层的目标属性，以及时间标签所在位置，因为这是粘贴操作的重要依据。具体操作步骤如下。

（1）选中要复制的单个或多个关键帧，甚至可以是多个属性的多个关键帧，如图 3-69 所示。

（2）选择"编辑 > 复制"命令，将选中的多个关键帧复制。选择目标图层，将时间标签移动到目标时间位置，如图 3-70 所示。

图 3-69

图 3-70

（3）选择"编辑 > 粘贴"命令，将复制的关键帧粘贴，按"U"键显示所有关键帧，如图 3-71 所示。

提示： 关键帧的复制、粘贴不仅可以在本图层属性执行，也可以将复制的关键帧粘贴到其他相同属性上。如果复制、粘贴到本图层或其他图层的属性，那么两个属性的数据类型必须是一致的才可以，例如，将某个二维图层的"位置"动画信息复制、粘贴到另一个二维图层的"锚点"属性上，由于两个属性的数据类型是一致的（都是 x 轴向和 y 轴向的两个值），所以可以实现复制、粘贴操作。只要在进行粘贴操作前，确定选中目标图层的目标属性即可，如图 3-72 所示。

图 3-71

图 3-72

提示： 如果粘贴的关键帧与目标图层上的关键帧在同一时间位置，将覆盖目标图层上原来的关键帧。另外，图层的属性值在无关键帧时也可以进行复制，通常用于统一不同图层的属性。

4. 删除关键帧

⊙ 选中需要删除的单个或多个关键帧，选择"编辑 > 清除"命令，进行删除操作。

⊙ 选中需要删除的单个或多个关键帧，按"Delete"键即可完成删除。

⊙ 当前时间帧对齐关键帧，"关键帧"面板中的"在当前时间添加或移除关键帧"按钮呈 ◆ 状态，单击此状态的按钮将删除当前关键帧，或按"Alt+Shift+ 属性组合键"，例如"Alt+Shift+P"。

⊙ 如果要删除某属性的所有关键帧，则单击属性的名称选中全部关键帧，然后按"Delete"键；或者单击属性前的"关键帧自动记录器"按钮 ⏱，将其关闭，也将起到删除关键帧的作用。

3.4 属性动画

在 After Effects 中，图层的 5 个基本变换属性分别是锚点、位置、缩放、旋转和不透明度。下面将对这 5 个基本变换属性和关键帧动画进行讲解。

3.4.1 课堂案例——海上动画

【**案例学习目标**】学习使用图层的 5 个属性和关键帧动画。

【**案例知识要点**】使用"导入"命令导入素材，使用"位置"属性制作波浪动画，使用"位置"属性、"缩放"属性和"不透明度"属性制作最终效果。海上动画效果如图 3-73 所示。

【**效果所在位置**】云盘 \Ch03\ 海上动画 \ 海上动画 .aep。

图 3-73

1. 导入素材并制作波浪动画

（1）按"Ctrl+N"组合键，弹出"合成设置"对话框，在"合成名称"文本框中输入"波浪动画"，其他选项的设置如图 3-74 所示，单击"确定"按钮，创建一个新的合成"波浪动画"。选择"文件 > 导入 > 文件"命令，弹出"导入文件"对话框，选择云盘中的"Ch03\ 海上动画 \ (Footage) \01.jpg ~ 08.png"文件，如图 3-75 所示，单击"导入"按钮，导入图片到"项目"面板中。

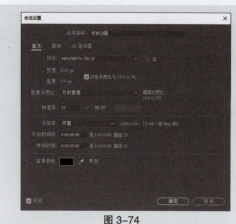

图 3-74

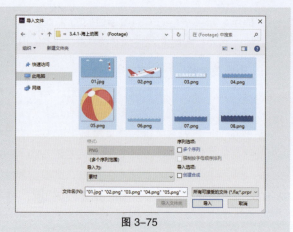

图 3-75

（2）在"项目"面板中选中"04.png""05.png""06.png""07.png""08.png"文件，并将它们拖曳到"时间轴"面板中，图层的排列如图 3-76 所示。"合成"面板中的效果如图 3-77 所示。

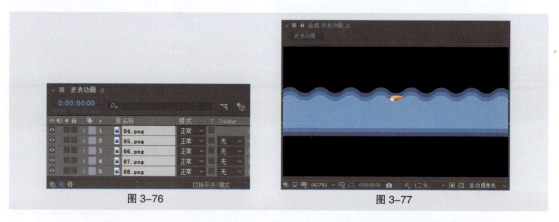

图 3-76

图 3-77

（3）选中"08.png"图层，按"P"键，展开"位置"属性，设置"位置"为"514.0，510.7"，如图 3-78 所示。"合成"面板中的效果如图 3-79 所示。

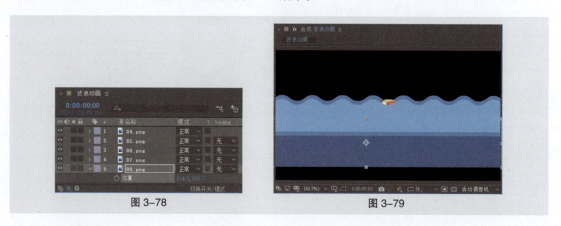

图 3-78

图 3-79

（4）保持时间标签在 0:00:00:00 的位置，单击"位置"属性左侧的"关键帧自动记录器"按钮，如图 3-80 所示，记录第 1 个关键帧。将时间标签放置在 0:00:04:24 的位置，在"时间轴"面板中设置"位置"为"758.0，510.7"，如图 3-81 所示，记录第 2 个关键帧。

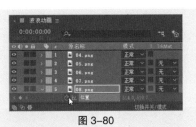

图 3-80 图 3-81

（5）将时间标签放置在 0:00:00:00 的位置，选中"07.png"图层，按"P"键，展开"位置"属性，设置"位置"为"735.6，546.9"，单击"位置"属性左侧的"关键帧自动记录器"按钮，如图 3-82 所示，记录第 1 个关键帧。将时间标签放置在 0:00:04:24 的位置，在"时间轴"面板中设置"位置"为"547.6，546.9"，如图 3-83 所示，记录第 2 个关键帧。

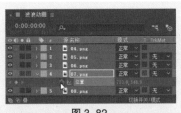

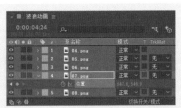

图 3-82 图 3-83

（6）将时间标签放置在 0:00:00:00 的位置，选中"06.png"图层，按"P"键，展开"位置"属性，设置"位置"为"514.0，552.7"，单击"位置"属性左侧的"关键帧自动记录器"按钮，如图 3-84 所示，记录第 1 个关键帧。将时间标签放置在 0:00:04:24 的位置，在"时间轴"面板中设置"位置"为"763.0，552.7"，如图 3-85 所示，记录第 2 个关键帧。

图 3-84 图 3-85

（7）将时间标签放置在 0:00:00:00 的位置，选中"05.png"图层，按"P"键，展开"位置"属性，设置"位置"为"222.8，535.3"，单击"位置"属性左侧的"关键帧自动记录器"按钮，如图 3-86 所示，记录第 1 个关键帧。将时间标签放置在 0:00:02:00 的位置，单击"在当前时间添加或移除关键帧"按钮，如图 3-87 所示，记录第 2 个关键帧。用相同的方法在 0:00:04:00 的位置添加一个关键帧。

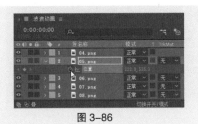

图 3-86 图 3-87

（8）将时间标签放置在 0:00:01:00 的位置，在"时间轴"面板中设置"位置"为"222.8,575.3"，如图 3-88 所示，记录第 4 个关键帧。将时间标签放置在 0:00:03:00 的位置，在"时间轴"面板中设置"位置"为"222.8,575.3"，如图 3-89 所示，记录第 5 个关键帧。将时间标签放置在 0:00:04:24 的位置，在"时间轴"面板中设置"位置"为"222.8,575.3"，如图 3-90 所示，记录第 6 个关键帧。

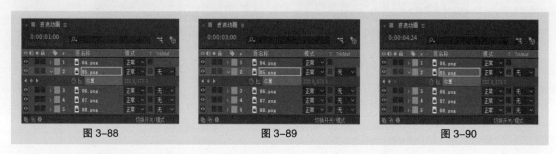

图 3-88   图 3-89   图 3-90

（9）将时间标签放置在 0:00:00:00 的位置，选中"04.png"图层，按"P"键，展开"位置"属性，设置"位置"为"769.0,638.0"，单击"位置"属性左侧的"关键帧自动记录器"按钮，如图 3-91 所示，记录第 1 个关键帧。将时间标签放置在 0:00:04:24 的位置，在"时间轴"面板中设置"位置"为"522.0,638.0"，如图 3-92 所示，记录第 2 个关键帧。

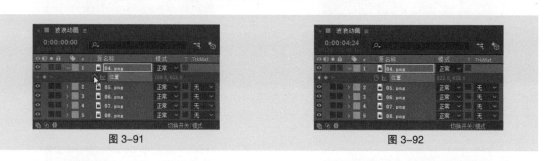

图 3-91   图 3-92

2. 制作最终效果

（1）按"Ctrl+N"组合键，弹出"合成设置"对话框，在"合成名称"文本框中输入"最终效果"，其他选项的设置如图 3-93 所示，单击"确定"按钮，创建一个新的合成"最终效果"。

（2）在"项目"面板中选中"01.jpg""02.png""03.png""波浪动画"，并将其拖曳到"时间轴"面板中，图层的排列如图 3-94 所示。

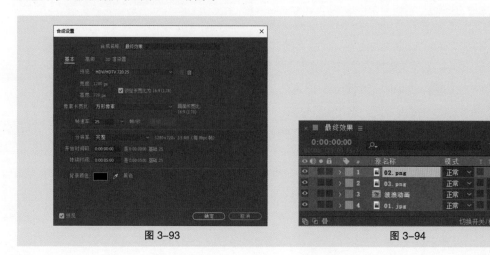

图 3-93   图 3-94

（3）选中"波浪动画"图层，按"P"键，展开"位置"属性，设置"位置"为"640.0,437.0"，如图3-95所示。"合成"面板中的效果如图3-96所示。

图3-95   图3-96

（4）选中"03.png"图层，按"P"键，展开"位置"属性，设置"位置"为"633.0,319.0"，如图3-97所示。"合成"面板中的效果如图3-98所示。

图3-97   图3-98

（5）保持时间标签在0:00:00:00的位置，按"T"键，展开"不透明度"属性，设置"不透明度"为"0%"，单击"不透明度"属性左侧的"关键帧自动记录器"按钮，如图3-99所示，记录第1个关键帧。将时间标签放置在0:00:01:00的位置，在"时间轴"面板中设置"不透明度"为"100%"，如图3-100所示，记录第2个关键帧。

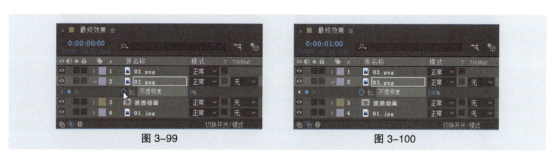

图3-99   图3-100

（6）选中"02.png"图层，按"P"键，展开"位置"属性，设置"位置"为"442.0,208.0"，如图3-101所示。"合成"面板中的效果如图3-102所示。

图 3-101 图 3-102

（7）保持时间标签在 0:00:01:00 的位置，按"S"键，展开"缩放"属性，设置"缩放"为"0.0,0.0%"，单击"缩放"属性左侧的"关键帧自动记录器"按钮，如图 3-103 所示，记录第 1 个关键帧。将时间标签放置在 0:00:01:11 的位置，在"时间轴"面板中设置"缩放"为"100.0,100.0%"，如图 3-104 所示，记录第 2 个关键帧。海上动画制作完成。

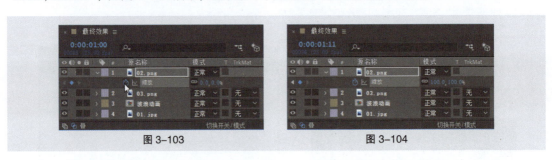

图 3-103 图 3-104

3.4.2　了解图层的 5 个基本变换属性

除了单独的音频图层以外，各类型图层至少有 5 个基本变换属性，它们分别是锚点、位置、缩放、旋转和不透明度。可以通过单击"时间轴"面板中图层色彩标签左侧的小箭头按钮 展开变换属性标题，再单击"变换"左侧的小箭头按钮 ，展开其各个变换属性的具体参数，如图 3-105 所示。

图 3-105

1. 锚点属性

无论一个图层的面积有多大，当其位置移动、旋转和缩放时，都是依据一个点来进行的，这个点就是锚点。

选择需要操作的图层，按"A"键，展开"锚点"属性，如图 3-106 所示。以锚点为基准，如图 3-107 所示，旋转操作的效果如图 3-108 所示，缩放操作效果如图 3-109 所示。

After Effects 核心应用案例教程（After Effects 2020）（全彩慕课版）

图 3-106

图 3-107

图 3-108

图 3-109

2. 位置属性

选择需要操作的图层,按"P"键,展开"位置"属性,如图 3-110 所示。以锚点为基准,如图 3-111 所示,在图层的"位置"属性后方的数字上拖曳鼠标(或单击数字后输入需要的数值),如图 3-112 所示。释放鼠标左键,效果如图 3-113 所示。

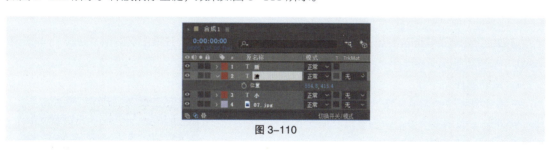

图 3-110

图 3-111

图 3-112

图 3-113

普通二维图层的"位置"属性由 x 轴向和 y 轴向两个参数组成,三维图层则由 x 轴向、y 轴向和 z 轴向 3 个参数组成。

提示:在制作位置动画时,为了保持移动时的方向性,可以选择"图层 > 变换 > 自动定向"命令,弹出"自动方向"对话框,选择"沿路径定向"选项。

3. 缩放属性

选择需要操作的图层，按"S"键，展开"缩放"属性，如图 3-114 所示。以锚点为基准，如图 3-115 所示，在图层的"缩放"属性后方的数字上拖曳鼠标（或单击数字后输入需要的数值），如图 3-116 所示。释放鼠标左键，效果如图 3-117 所示。

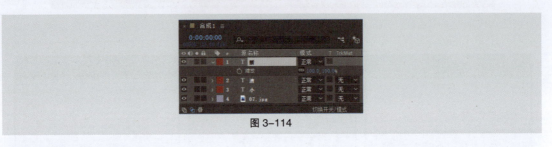

图 3-114

图 3-115

图 3-116

图 3-117

普通二维图层的"缩放"属性由 x 轴向和 y 轴向两个参数组成，三维图层则由 x 轴向、y 轴向和 z 轴向 3 个参数组成。

4. 旋转属性

选择需要操作的图层，按"R"键，展开"旋转"属性，如图 3-118 所示。以锚点为基准，如图 3-119 所示，在图层的"旋转"属性后方的数字上拖曳鼠标（或单击数字后输入需要的数值），如图 3-120 所示。释放鼠标左键，效果如图 3-121 所示。普通二维图层的旋转属性由圈数和度数两个参数组成，例如"1x+180°"。

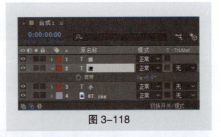

图 3-118

图 3-119

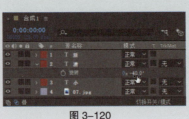

图 3-120

图 3-121

如果是三维图层，"旋转"属性的参数将增加为 4 个：方向可以同时设定 x、y、z 3 个轴向，x 轴旋转仅调整 x 轴向旋转、y 轴旋转仅调整 y 轴向旋转、z 轴旋转仅调整 z 轴向旋转，如图 3-122 所示。

图 3-122

5. 不透明度属性

选择需要操作的图层，按"T"键，展开"不透明度"属性，如图 3-123 所示。以锚点为基准，如图 3-124 所示，在图层的"透明度"属性后方的数字上拖曳鼠标（或单击数字后输入需要的数值），如图 3-125 所示。释放鼠标左键，效果如图 3-126 所示。

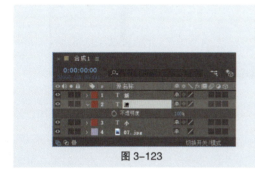

图 3-123

图 3-124

图 3-125

图 3-126

提示： 可以通过按住"Shift"键的同时按显示各属性的快捷键的方法，达到自定义组合显示属性的目的。例如，只想看见图层的"位置"和"不透明度"属性，可以在选取图层之后，按"P"键，然后在按住"Shift"键的同时按"T"键，如图 3-127 所示。

图 3-127

3.4.3 制作"位置"动画

（1）选择"文件 > 打开项目"命令，或按"Ctrl+O"组合键，弹出"打开"对话框，选择云盘中的"基础素材 \Ch03\ 纸飞机 \ 纸飞机 .aep"文件，如图 3-128 所示，单击"打开"按钮，打开此文件，如图 3-129 所示。

图 3-128

图 3-129

（2）在"时间轴"面板中选中"02.png"图层，按"P"键，展开"位置"属性，确定时间标签处于 0:00:00:00 的位置，调整"位置"属性的 x 值和 y 值分别为"103.0"和"621.0"，如图 3-130 所示；或选择"选取工具" ▶，在"合成"面板中将"纸飞机"图形移动到画面的左下方，如图 3-131 所示。单击"位置"属性左侧的"关键帧自动记录器"按钮 ◎，开始自动记录位置关键帧信息。

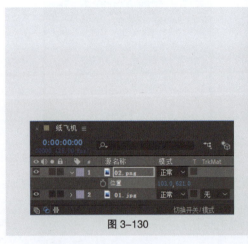

图 3-130

图 3-131

> **提示：** 按"Alt+Shift+P"组合键也可以实现上述操作，此快捷键可以在任意地方实现添加或删除位置属性关键帧的操作。

（3）移动时间标签到 0:00:04:24 的位置，调整"位置"属性的 x 值和 y 值分别为"1172.0"和"109.0"；或选择"选取工具" ▶，在"合成"面板中将"纸飞机"图形移动到画面的右上方，在"时间轴"面板当前时间下，"位置"属性将自动添加一个关键帧，如图 3-132 所示，并在"合成"面板中显示运动路径，如图 3-133 所示。按"0"键，进行动画预览。

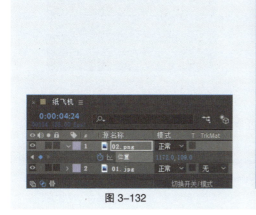

图 3-132

图 3-133

1. 以手动方式调整"位置"属性

⊙ 选择"选取工具" ▶，直接在"合成"面板中拖动图层。

⊙ 在"合成"面板中拖动图层时，按住"Shift"键，固定以水平或垂直方向移动图层。

⊙ 在"合成"面板中拖动图层时，按住"Alt+Shift"组合键，将使图层的边逼近合成图像边缘。

⊙ 以 1 个像素点移动图层可以使用上、下、左、右 4 个方向键实现；以 10 个像素点移动图层可以在按住"Shift"键的同时按上、下、左、右 4 个方向键实现。

2. 以数字方式调整"位置"属性

⊙ 当鼠标指针呈 形状时，在参数值上按住鼠标左键并左右拖动鼠标可以修改值。

⊙ 单击参数将会出现输入框，可以在其中输入具体数值。输入框也支持加减法运算，例如可以输入"+20"，表示在原来的 x 轴向值上加上 20 像素，如图 3-134 所示；如果是减法，则输入"-20"。

⊙ 在属性标题或参数值上单击鼠标右键，在弹出的菜单中选择"编辑值"命令，或按"Ctrl+Shift+P"组合键，弹出"位置"对话框。在该对话框中可以调整具体参数值，并且可以选择调整所依据的尺寸，如像素、英寸、毫米、源的 %、合成的 %，如图 3-135 所示。

图 3-134   图 3-135

3.4.4 制作"缩放"动画

（1）在"时间轴"面板中选中"02.png"图层，在按住"Shift"键的同时，按"S"键，展开"缩放"属性，如图 3-136 所示。

（2）将时间标签放在 0:00:00:00 的位置，在"时间轴"面板中，单击"缩放"属性左侧的"关键帧自动记录器"按钮 ，开始记录缩放关键帧信息，如图 3-137 所示。

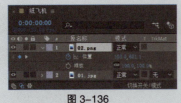

图 3-136　　　　　　　　　　　　　　图 3-137

提示： 按"Alt+Shift+S"组合键也可以实现上述操作，此快捷键可以在任意地方实现添加或删除缩放属性关键帧的操作。

（3）移动时间标签到 0:00:04:24 的位置，将 x 轴向和 y 轴向缩放值调整为"120.0，120.0％"；或者选择"选取工具" ▶，在"合成"面板中拖曳图层边框上的变换框进行缩放操作，如果同时按住"Shift"键则可以实现等比例缩放，还可以观察"信息"面板和"时间轴"面板中的"缩放"属性以了解表示具体缩放程度的数值，如图 3-138 所示。"时间轴"面板当前时间下的"缩放"属性会自动添加一个关键帧，如图 3-139 所示。按"0"键，预览动画。

图 3-138　　　　　　　　　　　　　　图 3-139

1. 以手动方式调整"缩放"属性

⊙ 选择"选取工具" ▶，直接在"合成"面板中拖曳图层边框上的变换框进行缩放操作，如果同时按住"Shift"键则可以实现等比例缩放。

⊙ 可以通过按住"Alt"键的同时按"+"（加号）键实现以 1％ 递增缩放百分比，也可以通过按住"Alt"键的同时按"−"（减号）键实现以 1％ 递减缩放百分比；如果要以 10％ 递增或者递减，只需要在按上述快捷键的同时再按住"Shift"键即可，例如"Shift+Alt+ −"。

2. 以数字方式调整"缩放"属性

⊙ 当鼠标指针呈 🖐 形状时，在参数值上按住鼠标左键并左右拖动鼠标可以修改缩放值。

⊙ 单击参数将会弹出输入框，可以在其中输入具体数值。输入框也支持加减法运算，例如，可以输入"+3"，表示在原有的值上加上 3％，如果是减法，则输入"−3"，如图 3-140 所示。

⊙ 在属性标题或参数值上单击鼠标右键，在弹出的菜单中选择"编辑值"命令，在弹出的"缩放"对话框中进行设置，如图 3-141 所示。

图 3-140　　　　　　　　　　　　　　图 3-141

提示：如果缩放值为负值，将实现图像翻转效果。

3.4.5 制作"旋转"动画

（1）在"时间轴"面板中选择"02.png"图层，在按住"Shift"键的同时，按"R"键，展开"旋转"属性，如图 3-142 所示。

图 3-142

（2）将时间标签放置在 0:00:00:00 的位置，单击"旋转"属性左侧的"关键帧自动记录器"按钮 ，开始记录旋转关键帧信息。

提示：按"Alt+Shift+R"组合键也可以实现上述操作，此快捷键可以在任意地方实现添加或删除旋转属性关键帧的操作。

（3）移动时间标签到 0:00:04:24 的位置，调整"旋转"为"0x +180° "，旋转半圈，如图 3-143 所示；或者选择"旋转工具" ，在"合成"面板中以顺时针方向旋转图层，同时可以观察"信息"面板和"时间轴"面板中的"旋转"属性以了解具体旋转圈数和度数，效果如图 3-144 所示。按"0"键，预览动画。

图 3-143　　　　　　　　　　　　　　　图 3-144

1. 以手动方式调整"旋转"属性

⊙ 选择"旋转工具" ，在"合成"面板以顺时针方向或者逆时针方向旋转图层，如果同时按住"Shift"键，将以 45° 为调整幅度。

⊙ 可以通过"+"键实现以 1° 顺时针方向旋转图层，也可以通过"−"键实现以 1° 逆时针方向旋转图层；如果要以 10° 旋转图层，只需要在按上述快捷键的同时再按住 Shift 键即可，例如"Shift+−"。

2. 以数字方式调整"旋转"属性

⊙ 当鼠标指针呈 形状时，在参数值上按住鼠标左键并左右拖动鼠标可以修改值。

⊙ 单击参数将会弹出输入框，可以在其中输入具体数值。输入框也支持加减法运算，例如可以输入"+2"，表示在原有的值上加上2°或者2圈（取决于在度数输入框还是圈数输入框中输入）；如果是减法，则输入"−10"。

⊙ 在属性标题或参数值上单击鼠标右键，在弹出的菜单中选择"编辑值"命令，或按"Ctrl+Shift+R"组合键，在弹出的"旋转"对话框中调整具体参数值，如图3-145所示。

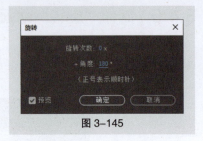

图 3-145

3.4.6 制作"锚点"动画

（1）在"时间轴"面板中选择"02.png"图层，在按住"Shift"键的同时，按"A"键，展开"锚点"属性，如图3-146所示。

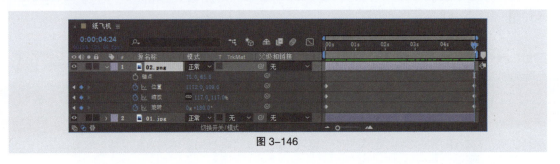

图 3-146

（2）改变"锚点"属性中的第一个值为"0"；或者选择"向后平移（锚点）工具" ，在"合成"面板中移动锚点，同时观察"信息"面板和"时间轴"面板中的"锚点"属性以了解具体位置移动参数，如图3-147所示。按"0"键，预览动画。

图 3-147

提示： 锚点的坐标是相对于图层的，而不是相对于合成图像的。

1. 以手动方式调整锚点

⊙ 选择"向后平移（锚点）工具" ▦ ，在"合成"面板移动锚点。

⊙ 在"时间轴"面板中双击图层，将图层在"图层"预览面板中打开，选择"选取工具" ▶ 或者选择"向后平移（锚点）工具" ▦ ，移动锚点，如图3-148所示。

2. 以数字方式调整锚点

⊙ 当鼠标指针呈 🖑 形状时，在参数值上按住鼠标左键并左右拖动鼠标可以修改值。

⊙ 单击参数将会弹出输入框，可以在其中输入具体数值。输入框也支持加减法运算，例如可以输入"+30"，表示在原有的值上加上30像素；如果是减法，则输入"−30"。

⊙ 在属性标题或参数值上单击鼠标右键，在弹出的菜单中选择"编辑值"命令，在弹出的"锚点"对话框中调整具体参数值，如图3-149所示。

图3-148　　　　　　　　　　　　图3-149

3.4.7 制作"不透明度"动画

（1）在"时间轴"面板中选择"02.png"图层，在按住"Shift"键的同时，按"T"键，展开"不透明度"属性，如图3-150所示。

（2）将时间标签放置在0:00:00:00的位置，将"不透明度"调整为"0%"，使图层完全透明。单击"不透明度"属性左侧的"关键帧自动记录器"按钮 ⏱ ，开始记录不透明度关键帧信息。

> **提示：** 按"Alt+Shift+T"组合键也可以实现上述操作，此快捷键可以在任意地方实现添加或删除不透明度属性关键帧的操作。

（3）移动时间标签到0:00:04:24的位置，调整"不透明度"为"100%"，使图层完全不透明，注意观察"时间轴"面板，当前时间下的"不透明度"属性会自动添加一个关键帧，如图3-151所示。按"0"键，预览动画。

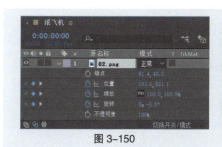

图3-150

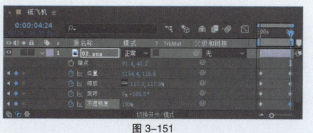

图3-151

以数字方式调整"不透明度"属性

⊙ 当鼠标指针呈 🖑 形状时，在参数值上按住鼠标左键并左右拖动鼠标可以修改值。

⊙ 单击参数将会弹出输入框，可以在其中输入具体数值。输入框也支持加减法运算，例如可以输入"+20"，表示在原有的值上增加20%；如果是减法，则输入"−20"。

⊙ 在属性标题或参数值上单击鼠标右键，在弹出的菜单中选择"编辑值"命令，或按"Ctrl+Shift+O"组合键，在弹出的"不透明度"对话框中调整具体参数值，如图3-152所示。

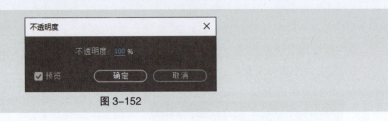

图 3-152

3.5　时间控制

通过对时间的控制，可以改变播放速度，实现反向播放的效果，还可以产生一些非常有趣的或者富有戏剧性的动态图像效果。

3.5.1　课堂案例——倒放文字

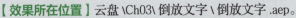

【**案例学习目标**】学习使用"时间伸缩"命令制作动画倒放效果等。

【**案例知识要点**】使用"导入"命令导入素材文件，使用"位置"属性和"不透明度"属性制作文字动画效果，使用"时间伸缩"命令制作动画倒放效果。倒放文字效果如图3-153所示。

【**效果所在位置**】云盘 \Ch03\ 倒放文字 \ 倒放文字 .aep。

扫码观看
本案例视频

图 3-153

（1）按"Ctrl+N"组合键，弹出"合成设置"对话框，在"合成名称"文本框中输入"文字"，其他选项的设置如图3-154所示，单击"确定"按钮，创建一个新的合成"文字"。

（2）选择"文件 > 导入 > 文件"命令，弹出"导入文件"对话框，选择云盘中的"Ch03\ 倒放文字 \（Footage）\01.mp4 和 02.png"文件，单击"导入"按钮，导入文件到"项目"面板中。

After Effects 核心应用案例教程（After Effects 2020）（全彩慕课版）

（3）在"项目"面板中选中"02.png"文件，并将其拖曳到"时间轴"面板中。"合成"面板中的效果如图 3-155 所示。

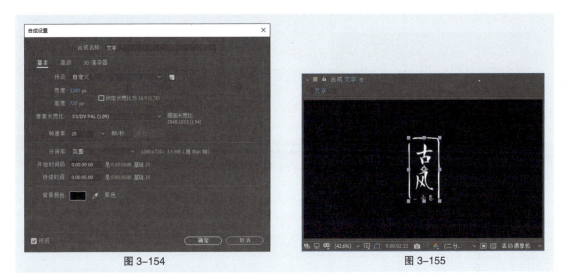

图 3-154　　　　　　　　　　　　　　　　　　图 3-155

（4）将时间标签放置在 0:00:03:00 的位置。按"P"键，展开"位置"属性，设置"位置"为"972.0,360.0"，单击"位置"属性左侧的"关键帧自动记录器"按钮 ○，如图 3-156 所示，记录第 1 个关键帧。将时间标签放置在 0:00:04:00 的位置。设置"位置"为"972.0,903.0"，如图 3-157 所示，记录第 2 个关键帧。

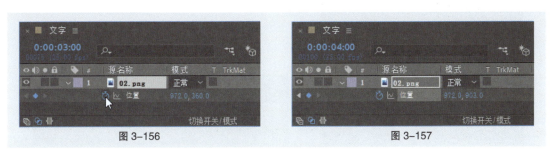

图 3-156　　　　　　　　　　　　　　　　　　图 3-157

（5）将时间标签放置在 0:00:03:00 的位置。按 T 键，展开"不透明度"属性，单击"不透明度"属性左侧的"关键帧自动记录器"按钮 ○，如图 3-158 所示，记录第 1 个关键帧。将时间标签放置在 0:00:04:15 的位置。设置"不透明度"为"0%"，如图 3-159 所示，记录第 2 个关键帧。

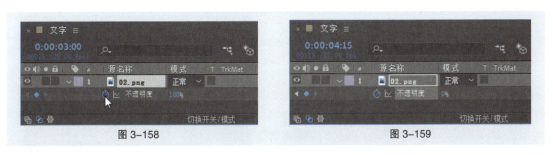

图 3-158　　　　　　　　　　　　　　　　　　图 3-159

（6）按"Ctrl+N"组合键，弹出"合成设置"对话框，在"合成名称"文本框中输入"最终效果"，其他选项的设置如图 3-160 所示，单击"确定"按钮，创建一个新的合成"最终效果"。

（7）在"项目"面板中选中"01.mp4"文件，并将其拖曳到"时间轴"面板中。按"S"键，展开"缩放"属性，设置"缩放"为"110.0,110.0%"，如图3-161所示。

图 3-160   图 3-161

（8）在"项目"面板中选中"文字"合成，将其拖曳到"时间轴"面板中并放置在"01.mp4"图层的上方。选择"图层 > 时间 > 时间伸缩"命令，弹出"时间伸缩"对话框，设置"拉伸因数"为"-100%"，如图3-162所示，单击"确定"按钮。时间标签自动移到0:00:00:00的位置，如图3-163所示。

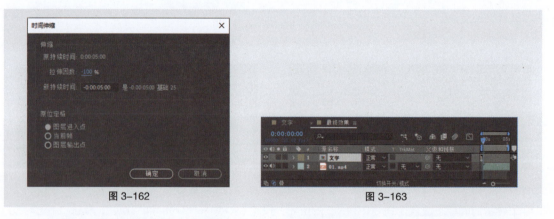

图 3-162   图 3-163

（9）按"["键将素材对齐，如图3-164所示，实现倒放功能。倒放文字效果制作完成，如图3-165所示。

图 3-164   图 3-165

3.5.2　伸缩控速

（1）选择"文件 > 打开项目"命令，选择云盘中的"基础素材\Ch03\小视频\小视频.aep"文件，单击"打开"按钮打开文件。

（2）在"时间轴"面板中，单击 按钮，展开伸缩属性，如图 3-166 所示。伸缩属性可以加快或者减慢播放动态素材图层的速度，默认情况下伸缩值为 100%，代表以正常速度播放片段；小于100% 时，会加快播放速度；大小 100% 时，将减慢播放速度。不过时间拉伸不可以生成关键帧，因此不能制作播放速度变化的动画特效。

图 3-166

3.5.3　入和出控速

入和出参数面板可以方便地控制图层的入点和出点信息，通过这两个参数也可以改变素材片段的播放速度，改变伸缩值。

在"时间轴"面板中，调整当前时间标签到某个时间位置，在按住"Ctrl"键的同时，单击入或者出参数，即可实现素材片段播放速度的改变，如图 3-167 所示。

图 3-167

3.5.4　关键帧控速

如果素材图层上已经制作了关键帧动画，那么在改变其伸缩值时，不仅会影响其本身的播放速度，关键帧之间的时间间隔也会随之改变。例如，将伸缩值设置为"50%"，那么原来关键帧的时间间隔就会缩短一半，关键帧动画速度同样也会加快一倍，如图 3-168 所示。

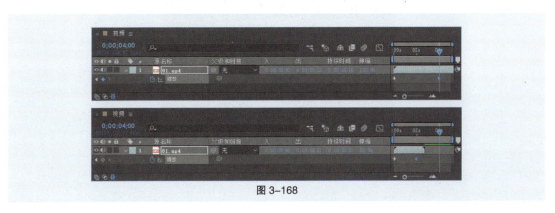

图 3-168

如果不希望改变伸缩值时影响关键帧时间位置，则需要选择当前图层的所有关键帧，然后选择"编辑 > 剪切"命令，或按"Ctrl+X"组合键，暂时将关键帧信息剪切到系统剪贴板中，调整伸缩值，在改变素材图层的播放速度后，选取使用关键帧的属性，再选择"编辑 > 粘贴"命令，或按"Ctrl+V"组合键，将关键帧粘贴回当前图层。

3.5.5　颠倒时间

在视频节目中，经常会看到倒放的动态影像，利用伸缩属性可以很方便地实现这一点，只需把伸缩值调整为负值即可。例如，保持片段原来的播放速度，只是实现倒放，可以将伸缩值设置为"-100%"，如图 3-169 所示。

图 3-169

当伸缩值为负值时，图层上出现蓝色的斜线，表示已经颠倒了时间。但是图层会移动到别的地方，这是因为在颠倒时间过程中，是以图层的入点为变化基准的，所以反向会导致位置上的变动，将其拖曳到合适位置即可。

3.5.6　调整基准点

在进行时间调整的过程中，可以发现在默认情况下是以入点为变化基准的，特别是在颠倒时间的练习中能很明显地感受到这一点。其实在 After Effects 中，时间调整的基准点是可以改变的。

单击伸缩参数，弹出"时间伸缩"对话框，在该对话框的"原位定格"区域中可以设置在改变时间拉伸值时变化的基准点，如图 3-170 所示。

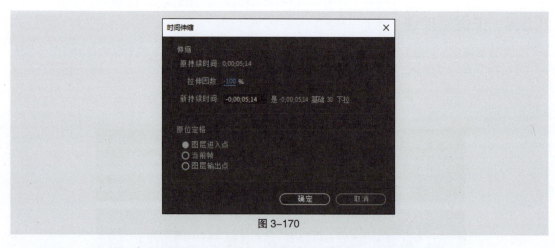

图 3-170

图层进入点：以图层入点为基准，也就是在调整过程中，固定入点位置。

当前帧：以当前时间标签为基准，也就是在调整过程中，同时调整入点和出点位置。

图层输出点：以图层出点为基准，也就是在调整过程中，固定出点位置。

3.6 课堂练习——旋转指南针

【练习知识要点】使用"缩放"属性制作表盘缩放动画，使用"旋转"属性和"不透明度"属性制作指针动画。旋转指南针效果如图 3-171 所示。

【效果所在位置】云盘 \Ch03\ 旋转指南针 \ 旋转指南针 . aep。

图 3-171

3.7 课后习题——运动的圆圈

【习题知识要点】使用"导入"命令导入素材，使用"位置"属性制作箭头运动动画，使用"旋转"属性制作圆圈运动动画。运动的圆圈效果如图 3-172 所示。

【效果所在位置】云盘 \Ch03\ 运动的圆圈 \ 运动的圆圈 . aep。

图 3-172

04

第4章

文字

▶ **本章介绍**

　　本章对创建文字的方法进行详细讲解，其中包括文字工具的使用、文字图层的创建、文字效果的制作等。读者通过学习本章的内容，可以了解并掌握 After Effects 的文字创建技巧。

课堂学习目标

第4章

知识目标

● 掌握创建文字的方法
● 掌握文字效果的制作方法

技能目标

● 掌握"打字效果"的制作方法
● 掌握"描边文字"的制作方法

素养目标

● 培养对 After Effects 中文字工具的熟练掌握能力
● 培养运用文字创造独特设计的能力
● 培养语句通顺、含义清楚的文字表达能力

4.1 创建文字

在 After Effects 2020 中创建文字是非常简单的，有以下几种方法。

⊙ 单击"工具"面板中的"横排文字工具" ，如图 4-1 所示。

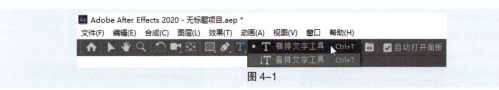

图 4-1

⊙ 选择"图层 > 新建 > 文本"命令，或按"Ctrl+Alt+Shift+T"组合键，如图 4-2 所示。

图 4-2

4.1.1 课堂案例——打字效果

【案例学习目标】学习输入文本并编辑。

【案例知识要点】使用"横排文字工具"输入文字，使用"文字处理器"命令制作打字动画。打字效果如图 4-3 所示。

【效果所在位置】云盘 \Ch04\ 打字效果 \ 打字效果 .aep。

扫码观看
本案例视频

图 4-3

（1）按"Ctrl+N"组合键，弹出"合成设置"对话框，在"合成名称"文本框中输入"最终效果"，其他选项的设置如图 4-4 所示，单击"确定"按钮，创建一个新的合成"最终效果"。选择"文件 > 导入 > 文件"命令，在弹出的"导入文件"对话框中，选择云盘中的"Ch04\ 打字效果 \ (Footage) \

01.avi"文件,单击"导入"按钮,视频被导入"项目"面板中,如图4-5所示。将视频拖曳到"时间轴"面板中。

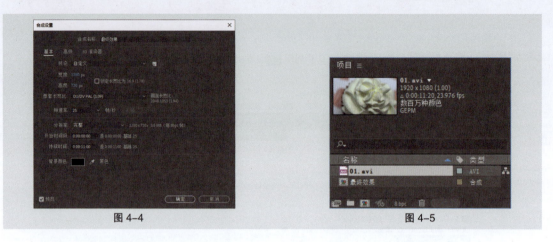

图4-4　　　　　　　　　　　　　　　　　　　图4-5

（2）选中"01.avi"图层,按"S"键,展开"缩放"属性,设置"缩放"为"73.0,73.0%",如图4-6所示。"合成"面板中的效果如图4-7所示。

图4-6　　　　　　　　　　　　　　　　　　　图4-7

（3）选择"圆角矩形工具"▣,在工具栏中设置"填充颜色"为白色,"描边宽度"为"0 像素",在"合成"面板中绘制一个圆角矩形。在"时间轴"面板中,展开"形状图层 1"的"内容 > 矩形 1 > 矩形路径 1"选项组,如图4-8所示。

（4）按"P"键,展开"位置"属性,设置"位置"为"618.7,363.5",如图4-9所示。"合成"面板中的效果如图4-10所示。

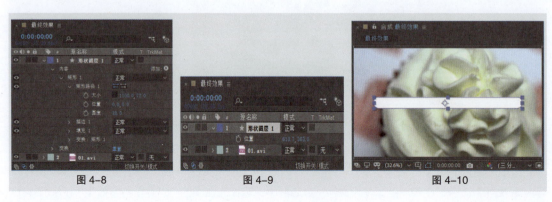

图4-8　　　　　　　　　　图4-9　　　　　　　　　　　图4-10

（5）按"T"键，展开"不透明度"属性，设置"不透明度"为"0%"，单击"不透明度"属性左侧的"关键帧自动记录器"按钮 ，如图 4-11 所示，记录第 1 个关键帧。将时间标签放置在 0:00:00:05 的位置，设置"不透明度"为"50%"，如图 4-12 所示，记录第 2 个关键帧。

图 4-11

图 4-12

（6）将时间标签放置在 0:00:07:05 的位置，单击"时间轴"面板中"不透明度"属性左侧的"在当前时间添加或移除关键帧"按钮 ，如图 4-13 所示，记录第 3 个关键帧。将时间标签放置在 0:00:08:05 的位置，设置"不透明度"为"0%"，如图 4-14 所示，记录第 4 个关键帧。

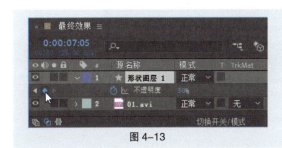
图 4-13

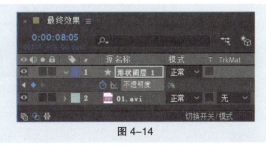
图 4-14

（7）将时间标签放置在 0:00:00:05 的位置，选择"横排文字工具" ，在"合成"面板输入文字"对美食的喜爱，会让你感受到世界的美好。"。选中文字，在"字符"面板中设置文字参数，如图 4-15 所示。按"P"键，展开"位置"属性，设置"位置"为"177.5,374.9"。"合成"面板中的效果如图 4-16 所示。

图 4-15

图 4-16

（8）选中文字图层，选择"窗口 > 效果和预设"命令，打开"效果和预设"面板，单击"动画预设"文件夹左侧的小箭头按钮 ，双击"Text > Multi-Line > 文字处理器"命令，如图 4-17 所示，应用效果。"合成"面板中的效果如图 4-18 所示。

图 4-17　　　　　　　　　　　　　　　　　图 4-18

（9）选中文字图层，按"U"键展开所有关键帧属性。将时间标签放置在 0：00：06：05 的位置，按住"Shift"键的同时，将第 2 个关键帧拖曳到时间标签所在的位置，并设置"滑块"为"100"，如图 4-19 所示。

图 4-19

（10）按"T"键，展开"不透明度"属性，单击"不透明度"属性左侧的"关键帧自动记录器"按钮，如图 4-20 所示，记录第 1 个关键帧。将时间标签放置在 0：00：08：05 的位置，设置"不透明度"为"0%"，如图 4-21 所示，记录 2 个关键帧。

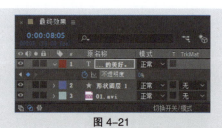

图 4-20　　　　　　　　　　　　　　　　　图 4-21

（11）打字效果制作完成，如图 4-22 所示。

图 4-22

4.1.2 文字工具

　　"工具"面板提供了建立文本的工具，包括"横排文字工具" **T** 和"直排文字工具" **IT** ，可以根据需要建立水平文字和垂直文字，水平文字的效果如图 4-23 所示。"字符"面板提供了字体、字号、颜色、字间距、行间距和比例关系等字符设置，"段落"面板提供了文本左对齐、中心对齐和右对齐等段落设置，如图 4-24 所示。

图 4-23　　　　　　　　　　　　　　　　　　图 4-24

4.1.3 文字图层

　　在菜单栏中选择"图层 > 新建 > 文本"命令，如图 4-25 所示，可以建立一个文字图层。建立文字图层后可以直接在面板中输入所需要的文字，如图 4-26 所示。

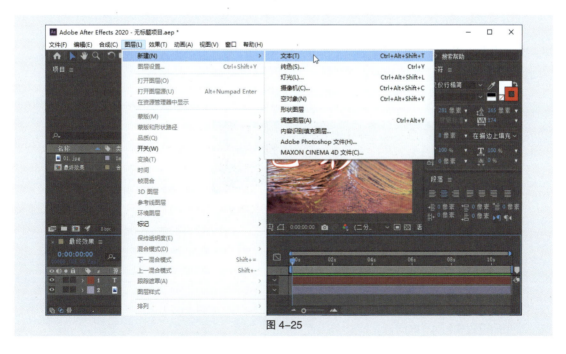

图 4-25

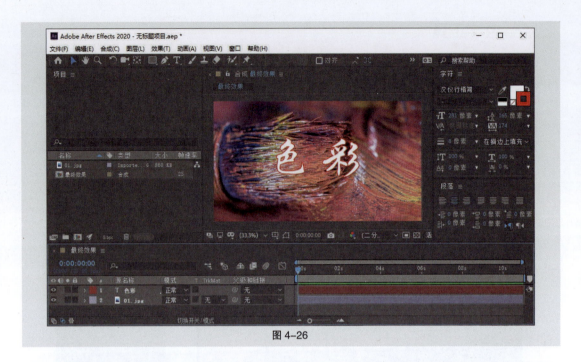

图 4-26

4.2 文字效果

　　After Effects 2020 保留了旧版本中的一些文字效果，如基本文字和路径文字，这些效果主要用于创建一些单纯使用文字工具不能实现的效果。

4.2.1 课堂案例——描边文字

　　【案例学习目标】学习编辑文字效果。

　　【案例知识要点】使用"横排文字工具"输入文字，使用"基本文字"命令添加文字效果，使用"路径文字"命令制作路径文字效果。描边文字效果如图 4-27 所示。

　　【效果所在位置】云盘 \Ch04\ 描边文字 \ 描边文字 .aep。

扫码观看
本案例视频

图 4-27

　　（1）按"Ctrl+N"组合键，弹出"合成设置"对话框，在"合成名称"文本框中输入"最终效果"，其他选项的设置如图 4-28 所示，单击"确定"按钮，创建一个新的合成"最终效果"。

（2）选择"文件 > 导入 > 文件"命令，在弹出的"导入文件"对话框中，选择云盘中的"Ch04\ 描边文字 \（Footage）\ 01. mpeg"文件，单击"导入"按钮，视频被导入"项目"面板中，如图 4-29 所示，将视频拖曳到"时间轴"面板中。

图 4-28   图 4-29

（3）选中"01. mpeg"图层，按"S"键，展开"缩放"属性，设置"缩放"为"105.0, 105.0%"，如图 4-30 所示。"合成"面板中的效果如图 4-31 所示。

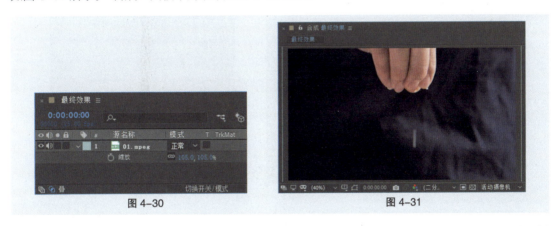

图 4-30   图 4-31

（4）保持"01. mpeg"图层的选取状态，选择"效果 > 过时 > 基本文字"命令，在弹出的"基本文字"对话框中进行设置，如图 4-32 所示，单击"确定"按钮，完成基本文字的添加。"合成"面板中的效果如图 4-33 所示。

图 4-32   图 4-33

（5）在"效果控件"面板中进行设置，如图4-34所示。"合成"面板中的效果如图4-35所示。

图4-34   图4-35

（6）选择"效果 > 过时 > 基本文字"命令，在弹出的"基本文字"对话框中进行设置，如图4-36所示，单击"确定"按钮，完成基本文字的添加。在"效果控件"面板中进行设置，如图4-37所示。"合成"面板中的效果如图4-38所示。

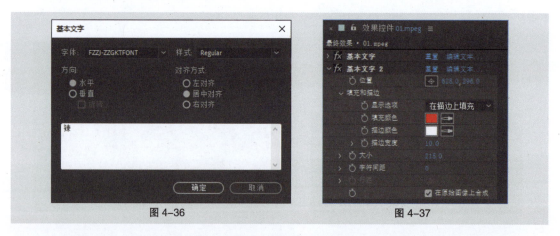

图4-36   图4-37

（7）选择"效果 > 过时 > 基本文字"命令，在弹出的"基本文字"对话框中进行设置，如图4-39所示，单击"确定"按钮，完成基本文字的添加。在"效果控件"面板中进行设置，如图4-40所示。"合成"面板中的效果如图4-41所示。

图4-38   图4-39

图 4-40

图 4-41

（8）选择"横排文字工具" **T**，在"合成"面板中输入文字"福薛记"。选中文字，在"字符"
面板中，设置"填充颜色"为红色（其 R、G、B 值分别为 222、33、0），其他参数如图 4-42 所示。
"合成"面板中的效果如图 4-43 所示。

图 4-42

图 4-43

（9）取消所有对象的选择，选择"椭圆工具"，在工具栏中设置"填充"为红色（其 R、G、
B 值分别为 222、33、0），"描边"为白色，"描边宽度"为"4 像素"，如图 4-44 所示。按住"Shift"
键的同时，在"合成"面板中绘制一个圆形。按"Ctrl+D"组合键，复制图层。将两个圆形拖曳到
适当的位置，效果如图 4-45 所示。

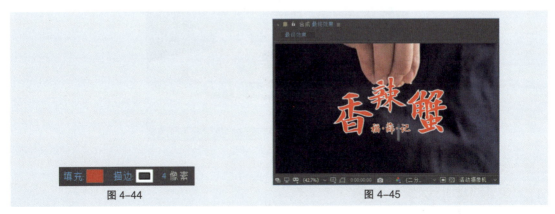

图 4-44

图 4-45

（10）选择"图层 > 新建 > 形状图层"命令，在"时间轴"面板中新增一个"形状图层 2"图层，
如图 4-46 所示。保持"形状图层 2"图层的选取状态，选择"效果 > 过时 > 路径文字"命令，在
弹出的"路径文字"对话框中进行设置，如图 4-47 所示，单击"确定"按钮，完成路径文字的添加。

图 4-46　　　　　　　　　　　　　　　　图 4-47

（11）在"效果控件"面板中进行设置，如图 4-48 所示。在"合成"面板中分别调整 4 个控制点到适当的位置，如图 4-49 所示。

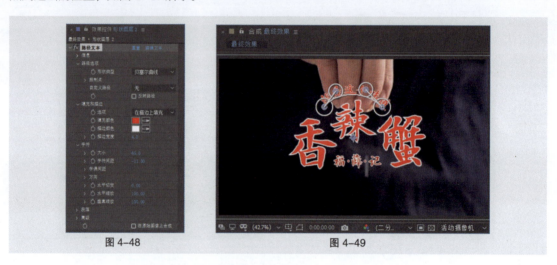

图 4-48　　　　　　　　　　　　　　　　图 4-49

（12）描边文字效果制作完成，效果如图 4-50 所示。

图 4-50

4.2.2　"基本文字"效果

"基本文字"效果用于创建文本或文本动画，可以指定文本的字体、样式、方向以及对齐方式，如图 4-51 所示。

"基本文字"效果还可以将文字创建在一个现有的图像图层中，通过勾选"在原始图像上合成"

复选框，将文字与图像融合在一起，或者取消勾选该复选框，单独使用文字，还提供了位置、填充和描边、大小等设置，如图 4-52 所示。

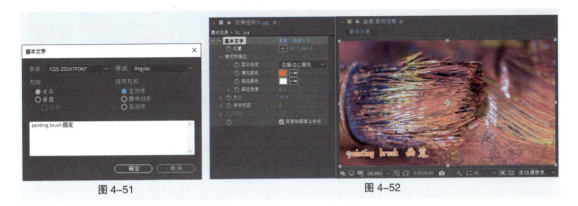

图 4-51   图 4-52

4.2.3 "路径文字"效果

"路径文字"效果用于制作字符沿某一条路径运动的动画效果。"路径文字"对话框中提供了字体和样式设置，如图 4-53 所示。

"路径文字"效果还提供了信息、路径选项、填充和描边、字符、段落、高级等设置，如图 4-54 所示。

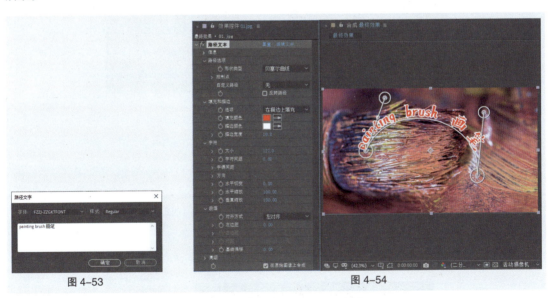

图 4-53   图 4-54

4.2.4 "编号"效果

"编号"效果用于生成不同格式的随机数或序数，如小数、日期和时间码，甚至是当前日期和时间（在渲染时）。使用"编号"效果可以创建各种各样的计数器。序数的最大偏移是 30000。此效果适用于 8-bpc 颜色。在"编号"对话框中可以设置字体、样式、方向和对齐方式等，如图 4-55 所示。

"效果控件"面板中还提供格式、填充和描边、大小、字符间距等设置，如图 4-56 所示。

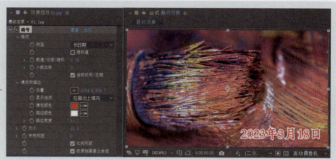

图 4-55   图 4-56

4.2.5 "时间码"效果

"时间码"效果主要用于在素材图层中显示时间信息或者关键帧上的编码信息，还可以将时间码的信息译成密码并保存于图层中以供显示。在"效果控件"面板中可以设置显示格式、时间单位、丢帧、开始帧、文本位置、文字大小和文本颜色等，如图 4-57 所示。

图 4-57

4.3 课堂练习——飞舞数字流

【练习知识要点】使用"横排文字工具"输入文字，使用"导入"命令导入文件，使用"Particular"命令制作飞舞数字。飞舞数字流效果如图 4-58 所示。

【效果所在位置】云盘 \Ch04\ 飞舞数字流 \ 飞舞数字流 .aep。

扫码观看
本案例视频

图 4-58

4.4 课后习题——运动模糊文字

【习题知识要点】使用"导入"命令导入素材，使用"横排文字工具"输入文字，使用"椭圆工具"绘制装饰图形，使用"高斯模糊"命令制作模糊效果。运动模糊文字效果如图4-59所示。

【效果所在位置】云盘\Ch04\运动模糊文字\运动模糊文字.aep。

图 4-59

第 5 章

声音

▶ 本章介绍

　　本章对声音的导入和声音效果的"效果控件"面板进行详细讲解,其中包括声音的导入与监听、声音播放时长的调整、声音的淡入与淡出、倒放效果、低音和高音效果、延迟效果等内容。读者通过对本章的学习,可以掌握利用 After Effects 制作声音效果的方法。

课堂学习目标

第 5 章

知识目标

● 掌握将声音导入影片的方法
● 了解声音效果的"效果控件"面板

技能目标

● 掌握"为海鸥添加背景音乐"的制作方法
● 掌握"为城市短片添加背景音乐"的制作方法

素养目标

● 培养能够将声音视为创意表达的媒介的能力
● 培养运用特效提升音频表现力的能力
● 培养能够不断改进学习方法的自主学习能力

5.1 导入声音

声音是影片的引导者，没有声音的影片比较难使观众陶醉。下面介绍把声音配入影片中的方法及动态音量的设置方法。

5.1.1 课堂案例——为海鸥添加背景音乐

【**案例学习目标**】学习为影片添加声音并编辑声音属性。

【**案例知识要点**】使用"导入"命令导入声音、视频文件，使用"音频电平"属性制作背景音乐效果。为海鸥添加背景音乐效果如图 5-1 所示。

【**效果所在位置**】云盘 \Ch05\ 为海鸥添加背景音乐 \ 为海鸥添加背景音乐 .aep。

图 5-1

（1）按"Ctrl+N"组合键，弹出"合成设置"对话框，在"合成名称"文本框中输入"最终效果"，其他选项的设置如图 5-2 所示，单击"确定"按钮，创建一个新的合成"最终效果"。

（2）选择"文件 > 导入 > 文件"命令，弹出"导入文件"对话框，选择云盘中的"Ch05\ 为海鸥添加背景音乐 \（Footage）\01.mp4、02.mp3 文件，单击"导入"按钮，导入视频和声音到"项目"面板中，如图 5-3 所示。

图 5-2

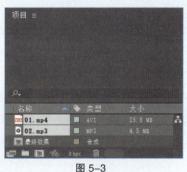

图 5-3

（3）在"项目"面板中选中"01.mp4"和"02.mp3"文件，将它们拖曳到"时间轴"面板中。图层的排列如图 5-4 所示。"合成"面板中的效果如图 5-5 所示。

<table>
<tr><td>图 5-4</td><td>图 5-5</td></tr>
</table>

（4）将时间标签放置在 0:00:10:00 的位置，选中"02.mp3"图层，展开"音频"属性，如图 5-6 所示。在"时间轴"面板中单击"音频电平"属性左侧的"关键帧自动记录器"按钮⏱，记录第 1 个关键帧，如图 5-7 所示。

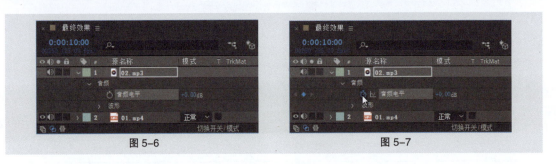

<table>
<tr><td>图 5-6</td><td>图 5-7</td></tr>
</table>

（5）将时间标签放置在 0:00:11:24 的位置，如图 5-8 所示。在"时间轴"面板中设置"音频电平"为"-30.00dB"，如图 5-9 所示，记录第 2 个关键帧。

（6）为海鸥添加背景音乐完成。

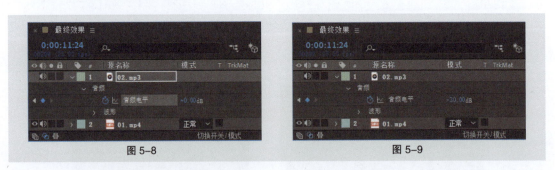

<table>
<tr><td>图 5-8</td><td>图 5-9</td></tr>
</table>

5.1.2　声音的导入与监听

（1）启动 After Effects，选择"文件 > 导入 > 文件"命令，在弹出的"导入文件"对话框中，选择云盘中的"基础素材 \Ch05\01.mp4"文件，单击"打开"按钮导入文件。在"项目"面板中选中该素材，可以观察到"项目"面板出现声波图形，如图 5-10 所示。这说明该视频素材携带着声道。从"项目"面板中将"01.mp4"文件拖曳到"时间轴"面板中。

（2）选择"窗口 > 预览"命令，或按"Ctrl+3"组合键，在弹出的"预览"面板中确定🔊图标为弹起状态，如图 5-11 所示。在"时间轴"面板中同样确定🔊图标为弹起状态，如图 5-12 所示。

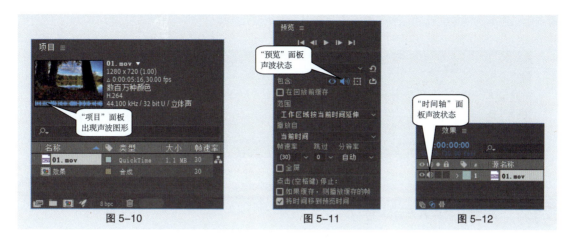

| 图 5-10 | 图 5-11 | 图 5-12 |

（3）按"0"键即可监听影片的声音，按住"Ctrl"键的同时，拖动时间标签，可以实时听到时间标签当前所处位置的音频。

（4）选择"窗口 > 音频"命令，或按"Ctrl+4"组合键，弹出"音频"面板，在该面板中拖曳滑块可以调整声音素材的总音量或分别调整左右声道的音量，如图 5-13 所示。

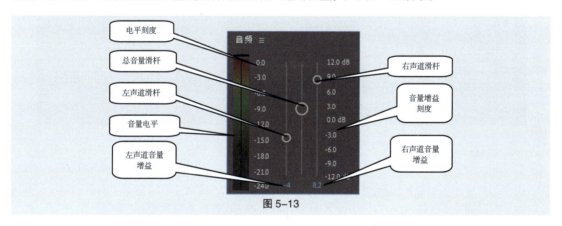

图 5-13

（5）在"时间轴"面板中打开"波形"卷展栏，可以在其中观察声音的波形，调整"音频电平"可以调整音量的大小，如图 5-14 所示。

图 5-14

5.1.3 声音播放时长的调整

在"时间轴"面板底部单击 按钮，将控制区域完全显示出来。在"持续时间"栏可以设置声音的播放时长，在"伸缩"栏可以设置播放时长与原始素材时长的百分比，如图 5-15 所示。例如，将"伸缩"设为"200.0%"后，声音的实际播放时长是原始素材时长的 2 倍。但通过这两个参数缩短或延长声音的播放时长后，声音的播放速度也会发生变化。

图 5-15

5.1.4　声音的淡入与淡出

将时间标签拖曳到起始帧的位置，在"音频电平"属性左侧单击"关键帧自动记录器"按钮，添加关键帧，输入参数"−100.00dB"；拖曳时间标签到 0:00:00:20 的位置，输入参数"+0.00dB"，观察到在"时间轴"面板上增加了两个关键帧，如图 5-16 所示。此时按住"Ctrl"键不放并拖曳时间标签，可以听到声音由小变大的淡入效果。

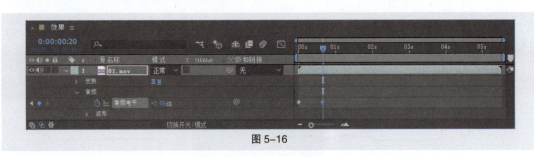

图 5-16

拖曳时间标签到 0:00:04:25 的位置，单击"时间轴"面板中"音频电平"属性左侧的"在当前时间添加或移除关键帧"按钮；拖曳时间标签到结束帧，设置"音频电平"为"−100.00dB"。此时的"时间轴"面板如图 5-17 所示。按住"Ctrl"键不放并拖曳时间标签，可以听到声音的淡出效果。

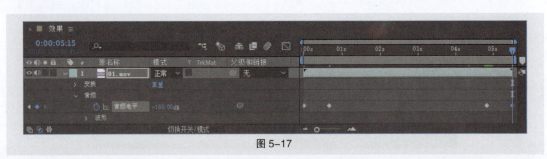

图 5-17

5.2　声音效果

为声音添加效果就像为视频添加滤镜一样，只要在"效果 > 音频"子菜单中选择相应的命令来完成需要的操作就可以了。

5.2.1 课堂案例——为城市短片添加背景音乐

【案例学习目标】学习使用声音效果。

【案例知识要点】使用"导入"命令导入视频和音乐文件，使用"低音和高音"命令和"变调与合声"命令编辑音乐文件。为城市短片添加背景音乐效果如图5-18所示。

【效果所在位置】云盘 \Ch05\ 为城市短片添加背景音乐 \ 为城市短片添加背景音乐 .aep。

图 5-18

（1）按"Ctrl+N"组合键，弹出"合成设置"对话框，在"合成名称"文本框中输入"最终效果"，其他选项的设置如图5-19所示，单击"确定"按钮，创建一个新的合成"最终效果"。

（2）选择"文件 > 导入 > 文件"命令，在弹出的"导入文件"对话框中，选择云盘中的"Ch05\ 为城市短片添加背景音乐 \ (Footage)\ 01.mp4、02.mp3"文件，单击"导入"按钮，导入文件到"项目"面板中，如图5-20所示。

图 5-19

图 5-20

（3）在"项目"面板中选中"01.mp4"文件，将其拖曳到"时间轴"面板中，按"S"键，展开"缩放"属性，设置"缩放"为"67.0,67.0%"，如图5-21所示。"合成"面板中的效果如图5-22所示。

图 5-21　　　　　　　　　　　　　　　　图 5-22

　　（4）在"项目"面板中选中"02.mp3"文件，将其拖曳到"时间轴"面板中，如图 5-23 所示。选择"效果 > 音频 > 低音和高音"命令，在"效果控件"面板中进行参数设置，如图 5-24 所示。

　　（5）选择"效果 > 音频 > 变调与合声"命令，在"效果控件"面板中进行参数设置，如图 5-25 所示。为城市短片添加背景音乐完成。

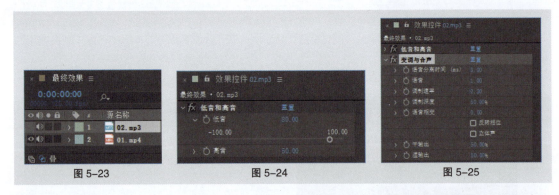

图 5-23　　　　　　　　　　　图 5-24　　　　　　　　　　　图 5-25

5.2.2　倒放

　　选择"效果 > 音频 > 倒放"命令，即可将该效果添加到"效果控件"面板中。这个效果可以倒放音频素材，即从最后一帧向第一帧播放。勾选"互换声道"复选框可以交换左、右声道中的音频，如图 5-26 所示。

图 5-26

5.2.3　低音和高音

　　选择"效果 > 音频 > 低音和高音"命令，即可将该效果添加到"效果控件"面板中。拖曳低音或高音滑块可以提高或降低音频中低音和高音的音量，如图 5-27 所示。

图 5-27

5.2.4 延迟

选择"效果 > 音频 > 延迟"命令，即可将延迟效果添加到"效果控件"面板中。它可将声音素材进行多层延迟来模仿回声效果，例如，制作墙壁的回声或山谷中的回声。"延迟时间（毫秒）"用于设定原始声音与其回声的时间间隔，单位为 ms。"延迟量"用于设置延迟音频的音量。"反馈"用于设置由回声产生的后续回声的音量。"干输出"用于设置声音素材的电平。"湿输出"用于设置最终输出声波的电平，如图 5-28 所示。

图 5-28

5.2.5 变调与合声

选择"效果 > 音频 > 变调与合声"命令，即可将变调与合声效果添加到"效果控件"面板中。"变调"效果的产生原理是将声音素材的一个副本稍作延迟后与原声音混合，从而造成某些频率的声波产生叠加或相减效果，这在声音物理学中被称作"梳状滤波"，它会产生一种"干瘪"的声音效果，该效果在电吉他独奏中经常应用。混入多个延迟的副本声音后，会产生乐器的"合声"效果。

在该效果设置中，"语音分离时间（ms）"用于设置延迟的副本声音的数量，增大此值将使卷边效果减弱而使合唱效果增强。"语音"用于设置副本声音的混合深度。"调制速率"用于设置副本声音相位的变化程度。"语音相变"用于设置后续语音之间的调制相位差。"反转相位"用于反转经过处理的（湿）音频的相位，强调更多高频；不反转相位将强调更多低频。"立体声"用于将语音交替分配到两个通道之一，以使第一个语音出现在左边的通道中，第二个语音出现在右边的通道中，第三个语音出现在左边的通道中，以此类推。"干输出"和"湿输出"用于设置最终输出中的原始（干）声音量和延迟（湿）声音量，如图 5-29 所示。

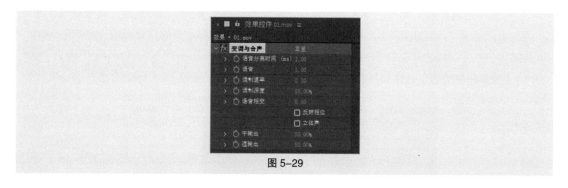

图 5-29

5.2.6 高通 / 低通

选择"效果 > 音频 > 高通 / 低通"命令，即可将该效果添加到"效果控件"面板中。该声音效果只允许设定的频率通过，通常用于滤去低频率或高频率的噪声，如电流声、嗞嗞声等。在"滤镜选项"下拉列表中可以选择使用"高通"或"低通"方式。"屏蔽频率"用于设置滤波器的分界频率，选择"高通"方式滤波时，低于该频率的声音被滤除；选择"低通"方式滤波时，高于该频率的声音被滤除。"干输出"/"湿输出"用于设置最终输出中的原始（干）声音量和延迟（湿）声音量，如图5-30所示。

图 5-30

5.2.7 调制器

选择"效果 > 音频 > 调制器"命令，即可将调制器效果添加到"效果控件"面板中。该声音效果可以为声音素材加入颤音效果。"调制类型"用于选择颤音的波形。"调制速率"用于以 Hz 为单位设置颤音调制的频率。"调制深度"用于以调制频率的百分比为单位设置颤音频率的变化范围。"振幅变调"用于设置颤音的强弱，如图5-31所示。

图 5-31

5.3 课堂练习——为旅行影片添加背景音乐

【练习知识要点】使用"导入"命令导入视频与音乐文件，使用"缩放"属性调整视频的大小，使用"音频电平"属性制作背景音乐效果。为旅行影片添加背景音乐效果如图5-32所示。

【效果所在位置】云盘 \Ch05\ 为旅行影片添加背景音乐 \ 为旅行影片添加背景音乐 .aep。

扫码观看
本案例视频

图 5-32

5.4 课后习题——为影片添加声音效果

【习题知识要点】使用"导入"命令导入声音、视频文件，使用"音频电平"属性制作背景音乐效果。为影片添加声音效果，效果如图 5-33 所示。

【效果所在位置】云盘 \Ch05\ 为影片添加声音效果 \ 为影片添加声音效果 .aep。

扫 码 观 看
本案例视频

图 5-33

第6章

蒙版

▶ 本章介绍

本章主要讲解蒙版的功能，其中包括使用蒙版、调整蒙版的形状、蒙版的变换、编辑蒙版的多种方式、调整蒙版的属性等。通过对本章的学习，读者可以掌握蒙版的使用方法和应用技巧，并利用蒙版的功能制作出绚丽的视频效果。

课堂学习目标

第6章

知识目标

- 初步了解蒙版
- 掌握设置蒙版的方法
- 掌握蒙版的基本操作

技能目标

- 掌握"遮罩文字"的制作方法
- 掌握"加载条效果"的制作方法

素养目标

- 培养使用蒙版为动画增添新视效和创意的能力
- 培养借助互联网获取有效信息的能力
- 培养良好创意思维的能力

6.1 设置蒙版

通过设置蒙版，可以将两个以上的图层合成并制作出一个新的画面。蒙版可以在"合成"面板中进行调整，也可以在"时间轴"面板中调整。

6.1.1 课堂案例——遮罩文字

【案例学习目标】学习使用蒙版图形制作动画效果。

【案例知识要点】使用"新建合成"命令新建合成，使用"导入"命令导入素材文件，使用"矩形工具"制作蒙版效果。遮罩文字效果如图6-1所示。

【效果所在位置】云盘 \Ch06\ 遮罩文字 \ 遮罩文字 .aep。

图 6-1

（1）按"Ctrl+N"组合键，弹出"合成设置"对话框，在"合成名称"文本框中输入"最终效果"，其他选项的设置如图6-2所示，单击"确定"按钮，创建一个新的合成"最终效果"。

（2）选择"文件 > 导入 > 文件"命令，弹出"导入文件"对话框，选择云盘中的"Ch06\ 遮罩文字 \（Footage）\01.mp4和02.png"文件，单击"导入"按钮，导入文件到"项目"面板中，如图6-3所示。

图 6-2

图 6-3

（3）在"项目"面板中选中"01.mp4"文件和"02.png"文件，将其拖曳到"时间轴"面板中，图层的排列如图6-4所示。"合成"面板中的效果如图6-5所示。

图 6-4　　　　　　　　　　　　　　　　　　　图 6-5

（4）选中"02.png"图层，按"P"键，展开"位置"属性，设置"位置"为"1013.0，312.0"，如图 6-6 所示。"合成"面板中的效果如图 6-7 所示。

图 6-6　　　　　　　　　　　　　　　　　　　图 6-7

（5）保持"02.png"图层的选取状态，将时间标签放置在 0:00:01:05 的位置。选择"矩形工具" ▢，在"合成"面板中拖曳鼠标绘制一个矩形蒙版，如图 6-8 所示。按"M"键两次展开"蒙版 1"属性。单击"蒙版路径"属性左侧的"关键帧自动记录器"按钮 ◉，如图 6-9 所示，记录第 1 个蒙版路径关键帧。

图 6-8　　　　　　　　　　　　　　　　　　　图 6-9

（6）将时间标签放置在 0:00:02:05 的位置。选择"选取工具" ▶，在"合成"面板中，同时选中蒙版形状右边的两个控制点，将控制点向右拖曳到图 6-10 所示的位置，在 0:00:02:05 的位置记录 1 个关键帧，如图 6-11 所示。

图 6-10

图 6-11

（7）遮罩文字制作完成，效果如图 6-12 所示。

图 6-12

6.1.2　使用蒙版

（1）在"项目"面板中单击鼠标右键，在弹出的菜单中选择"新建合成"命令，弹出"合成设置"对话框，在"合成名称"文本框中输入"蒙版"，其他选项的设置如图 6-13 所示，设置完成后，单击"确定"按钮。

（2）在"项目"面板中双击，在弹出的"导入文件"对话框中，选择云盘中的"基础素材\Ch06\01.jpg ~ 04.png"文件，单击"打开"按钮，文件被导入"项目"面板中，如图 6-14 所示。

图 6-13

图 6-14

（3）在"项目"面板中保持文件的选取状态，将其拖曳到"时间轴"面板中，单击"04.png"图层和"03.png"图层左侧的眼睛按钮，将其隐藏，如图6-15所示。选中"02.png"图层，选择"椭圆工具"，在"合成"面板中拖曳鼠标绘制圆形蒙版，效果如图6-16所示。

图6-15   图6-16

（4）选中"03.png"图层，并单击此图层左侧的方框，显示图层，如图6-17所示。选择"矩形工具"，在"合成"面板中拖曳鼠标绘制矩形蒙版，效果如图6-18所示。

图6-17   图6-18

（5）选中"04.png"图层，并单击此图层左侧的方框，显示图层，如图6-19所示。选择"钢笔工具"，在"合成"面板中相框的周围进行绘制，如图6-20所示。

图6-19   图6-20

6.1.3 调整蒙版的形状

选择"钢笔工具" ，在"合成"面板中绘制蒙版，如图 6-21 所示。选择"转换'顶点'工具" ，单击一个节点，将该节点处的线段转换为折角；在节点处拖曳鼠标可以拖出调节手柄，拖动调节手柄，可以调整线段的弧度，如图 6-22 所示。

图 6-21

图 6-22

使用"添加'顶点'工具" 和"删除'顶点'工具" 添加和删除节点。选择"添加'顶点'工具" ，将鼠标指针移动到线段上需要添加节点的地方并单击，添加一个节点，如图 6-23 所示；选择"删除'顶点'工具" ，单击任意节点，将该节点删除，如图 6-24 所示。

图 6-23

图 6-24

使用"蒙版羽化工具" 可以对蒙版进行羽化。选择"蒙版羽化工具" ，将鼠标指针移动到线段上，鼠标指针变为 形状时，如图 6-25 所示，单击添加一个控制点。拖曳控制点可以对蒙版进行羽化，如图 6-26 所示。

图 6-25

图 6-26

6.1.4　蒙版的变换

　　选择"选取工具" ，在蒙版边线上双击，会创建一个蒙版控制框，将鼠标指针移动到蒙版控制框的右上角，鼠标指针变成↰形状，拖动鼠标可以对整个蒙版进行旋转，如图 6-27 所示；将鼠标指针移动到蒙版控制框的某条边中点的位置，鼠标指针变成↕形状时，拖动鼠标，可以调整蒙版控制框的大小，如图 6-28 所示。

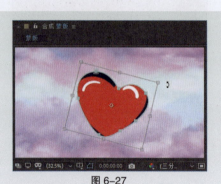

图 6-27　　　　　　　　　　　　　　　图 6-28

6.2　编辑蒙版

　　在 After Effects 中，可以使用多种方式来编辑蒙版，还可以在"时间轴"面板中调整蒙版的属性，用蒙版制作动画。下面对这些蒙版的基本操作进行详细讲解。

6.2.1　课堂案例——加载条效果

　　【**案例学习目标**】学习蒙版操作。

　　【**案例知识要点**】使用"导入"命令导入素材文件，使用"矩形工具"制作蒙版效果，使用"时间轴"面板设置蒙版属性。加载条效果如图 6-29 所示。

　　【**效果所在位置**】云盘 \Ch06\ 加载条效果 \ 加载条效果 .aep。

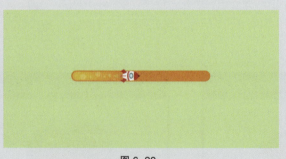

扫码观看
本案例视频

图 6-29

　　（1）按"Ctrl+N"组合键，弹出"合成设置"对话框，在"合成名称"文本框中输入"最终效果"，将"背景颜色"设为黄绿色（其 R、G、B 值分别为 225、253、177），其他选项的设置如图 6-30 所示，单击"确定"按钮，创建一个新的合成"最终效果"。

（2）选择“文件 > 导入 > 文件”命令，在弹出的“导入文件”对话框中，选择云盘中的“Ch06\加载条效果\（Footage）\01.png ~ 03.png”文件，单击“导入”按钮，导入文件到“项目”面板中，如图 6-31 所示。

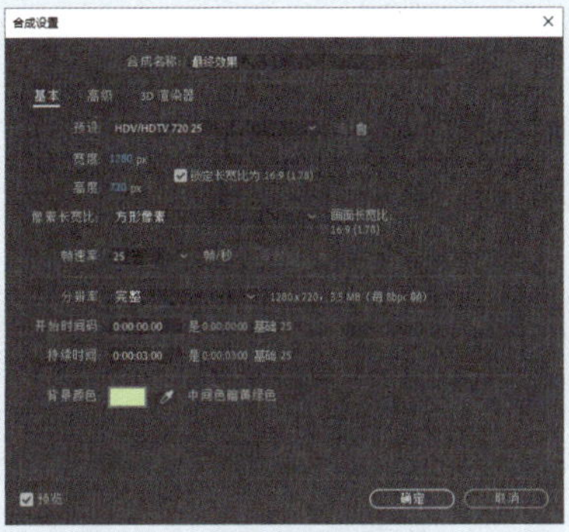

图 6-30

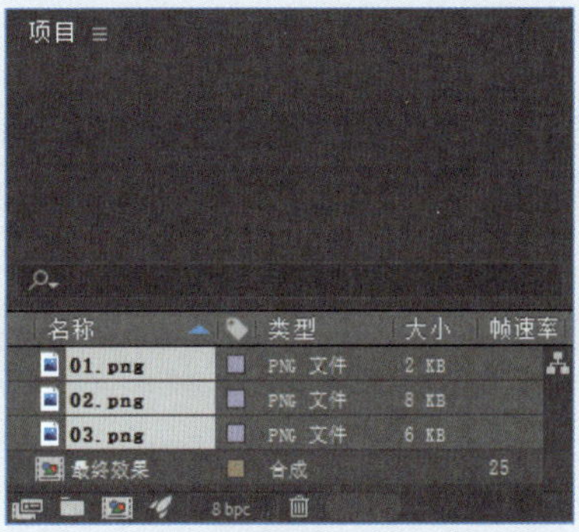

图 6-31

（3）在“项目”面板中选中“01.png”和“02.png”文件，将其拖曳到“时间轴”面板中，图层的排列如图 6-32 所示。“合成”面板中的效果如图 6-33 所示。

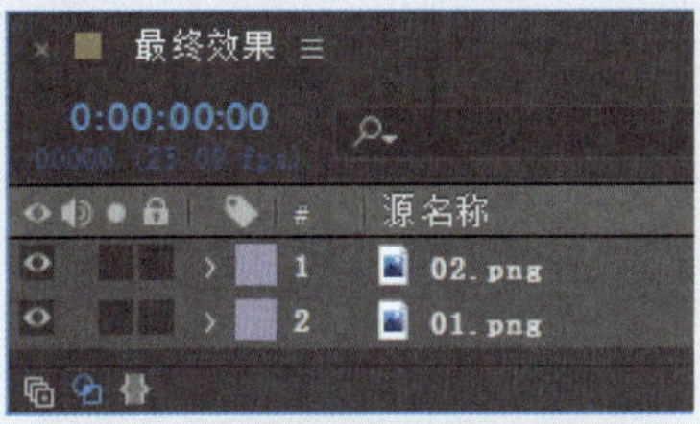

图 6-32

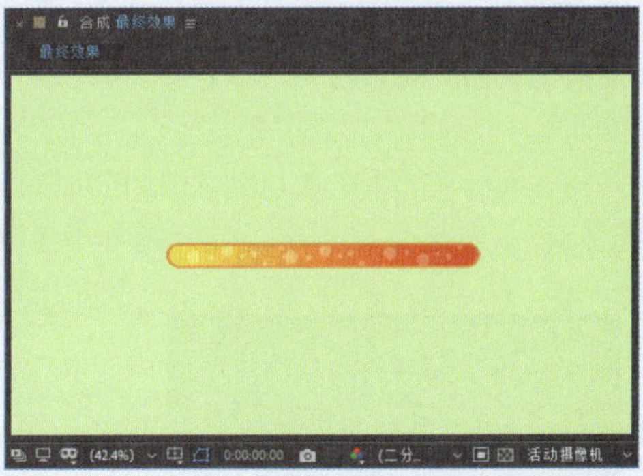

图 6-33

（4）选中“02.png”图层，选择“矩形工具”，在“合成”面板中拖曳鼠标绘制一个矩形蒙版，如图 6-34 所示。按“M”键两次展开“蒙版 1”属性。单击“蒙版路径”属性左侧的“关键帧自动记录器”按钮，如图 6-35 所示，记录第 1 个蒙版路径关键帧。

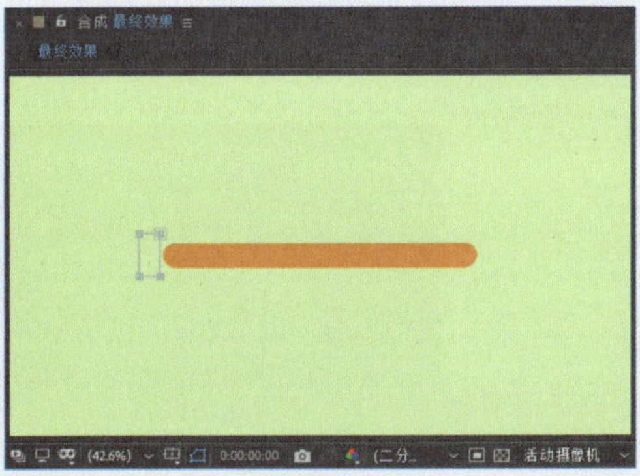

图 6-34

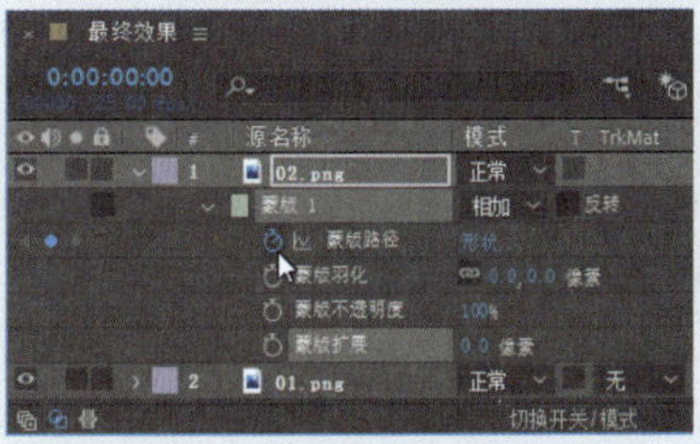

图 6-35

（5）将时间标签放置在 0:00:02:24 的位置。选择"选取工具"，在"合成"面板中，同时选中蒙版形状右边的两个控制点，将控制点向右拖曳到图 6-36 所示的位置，在 0:00:02:24 的位置再次记录 1 个关键帧。

（6）将时间标签放置在 0:00:00:00 的位置。在"时间轴"面板中，设置"蒙版羽化"为"80.0,80.0 像素"，"蒙版扩展"为"−10.0 像素"，如图 6-37 所示。

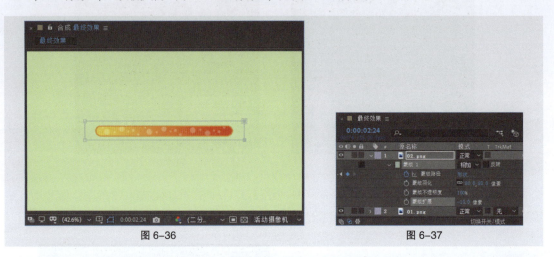

图 6-36 图 6-37

（7）分别单击"蒙版羽化"属性和"蒙版扩展"属性左侧的"关键帧自动记录器"按钮，如图 6-38 所示，记录第 1 个关键帧。

（8）将时间标签放置在 0:00:02:24 的位置。设置"蒙版羽化"为"0.0,0.0 像素"，"蒙版扩展"为"0.0 像素"，如图 6-39 所示，记录第 2 个关键帧。

图 6-38 图 6-39

（9）将时间标签放置在 0:00:00:00 的位置。在"项目"面板中选中"03.png"文件，将其拖曳到"时间轴"面板中，如图 6-40 所示。按"P"键，展开"位置"属性，设置"位置"为"340.0,360.0"，如图 6-41 所示。

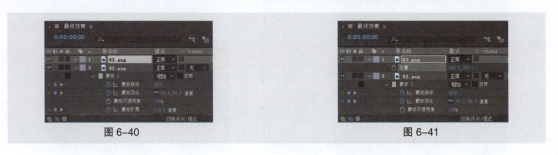

图 6-40 图 6-41

（10）单击"位置"属性左侧的"关键帧自动记录器"按钮，如图 6-42 所示，记录第 1 个关键帧。将时间标签放置在 0:00:02:24 的位置。设置"位置"为"944.0,360.0"，如图 6-43 所示，记录第 2 个关键帧。

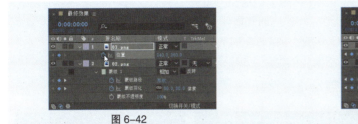
图 6-42

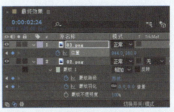
图 6-43

（11）加载条效果制作完成，如图 6-44 所示。

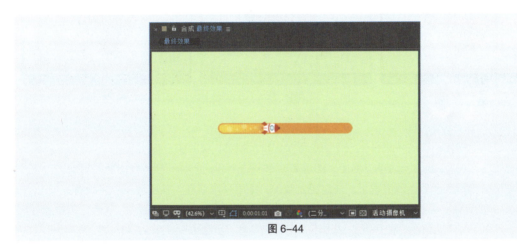
图 6-44

6.2.2　编辑蒙版的多种方式

"工具"面板中除了创建蒙版的工具以外，还提供了多种编辑蒙版的工具。

"选取工具" ▶：使用此工具可以在"合成"面板或者"图层"面板中选择和移动路径上的节点或者整个路径。

"添加'顶点'工具" ▶+：使用此工具可以增加路径上的节点。

"删除'顶点'工具" ▶-：使用此工具可以减少路径上的节点。

"转换'顶点'工具" ⌐：使用此工具可以改变路径的曲率。

"蒙版羽化工具" ✎：使用此工具可以改变蒙版边缘的柔化程度。

提示： 由于在"合成"面板可以看到很多图层，所以如果在其中调整蒙版很有可能会遇到干扰，不方便操作。建议双击目标图层，然后在"图层"面板中对蒙版进行各种操作。

1. 节点的选择和移动

选择"选取工具" ▶，选中目标图层，单击路径上的节点，然后拖曳鼠标或利用键盘上的方向键来移动节点；如果要取消选择，只需要在空白处单击即可。

2. 线的选择和移动

选择"选取工具" ▶，选中目标图层，单击路径上两个节点之间的线，然后拖曳鼠标或利用键盘上的方向键来移动线；如果要取消选择，只需要在空白处单击即可。

3. 多个节点或者多条线的选择、移动、旋转和缩放

选择"选取工具" ▶，选中目标图层，首先单击路径上第一个节点或第一条线，然后在按住"Shift"键的同时，单击其他的节点或者线，可以同时选择多个节点或多条线。也可以拖曳鼠标绘制一个选区，用框选的方法选择多个节点、多条线，或者全部选择。

同时选中多个节点或多条线之后，在选中的对象上双击可以形成一个控制框。在控制框中，可以非常方便地进行移动、旋转和缩放等操作，如图 6-45 ~ 图 6-47 所示。

| 图 6-45 | 图 6-46 | 图 6-47 |

全选路径的快捷方法如下。

⊙ 通过鼠标框选的方法将路径全选，但是不会出现控制框，如图 6-48 所示。

⊙ 在按住"Alt"键的同时单击路径，即可完成路径的全选，但是同样不会出现控制框。

⊙ 在没有选择多个节点的情况下，在路径上双击，即可全选路径，并出现一个控制框。

⊙ 在"时间轴"面板中，选中有蒙版的图层，按"M"键，展开"蒙版 1"属性，单击属性名称或蒙版名称即可全选路径，使用此方法也不会出现控制框，如图 6-49 所示。

| 图 6-48 | 图 6-49 |

> **提示：** 将节点全部选中，选择"图层 > 蒙版和形状路径 > 自由变换点"命令，或按"Ctrl+T"组合键会出现控制框。

4. 多个蒙版上下层关系的调整

当图层中含有多个蒙版时，就存在上下层关系，此关系关联到非常重要的部分——蒙版混合模式的选择，因为 After Effects 处理多个蒙版的顺序是从上至下的，所以上下层关系层直接影响最终的混合效果。

在"时间轴"面板中，选中某个蒙版的名称，然后上下拖曳即可改变层次，如图 6-50 所示。

图 6-50

在"合成"面板或者"图层"面板中，先选中一个蒙版，然后选择以下命令，可以调整蒙版的层次。

⊙ 选择"图层 > 排列 > 将蒙版置于顶层"命令，或按"Ctrl+Shift+]"组合键，将选中的蒙版放置到顶层。

⊙ 选择"图层 > 排列 > 使蒙版前移一层"命令，或按"Ctrl+]"组合键，将选中的蒙版往上移动一层。

⊙ 选择"图层 > 排列 > 使蒙版后移一层"命令，或按"Ctrl+["组合键，将选中的蒙版往下移动一层。

⊙ 选择"图层 > 排列 > 将蒙版置于底层"命令，或按"Ctrl+Shift+["组合键，将选中的蒙版放置到底层。

6.2.3　调整蒙版的属性

蒙版并不是一个轮廓那么简单，在"时间轴"面板中，可以对蒙版的属性进行详细设置，同时，还可以为属性添加关键帧，制作动画。

单击图层标签颜色左侧的小箭头按钮 ，展开图层属性，如果图层含有蒙版，就可以看到蒙版，单击蒙版名称前面的小箭头按钮 ，可展开各个蒙版路径，单击其中任意一个蒙版路径颜色左侧的小箭头按钮 ，可展开此蒙版路径的属性，如图 6-51 所示。

> **提示：** 选中某图层，连续按两次"M"键，即可展开此图层蒙版路径的所有属性。

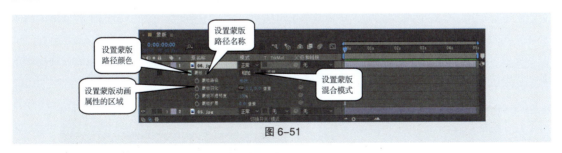

图 6-51

⊙ 设置蒙版路径颜色：单击"蒙版颜色"按钮 ，可以在弹出的颜色对话框中选择合适的颜色对路径进行区分。

⊙ 设置蒙版路径名称：选中要命名的蒙版，按"Enter"键，在出现的输入框中输入蒙版的名称。修改完成后再次按"Enter"键即可。

⊙ 设置蒙版混合模式：当图层含有多个蒙版时，可以在此选择各种混合模式。需要注意的是，多个蒙版的层次关系对混合模式产生的最终效果有很大影响。After Effects 从上至下逐一处理蒙版。

无：选择此模式，路径将不起到蒙版作用，仅作为路径存在，作为勾边、光线动画或者路径动画的依据，如图6-52和图6-53所示。

图 6-52 图 6-53

相加：蒙版相加模式，将当前蒙版区域与其上的蒙版区域进行相加处理，对于蒙版重叠处的不透明度，则采取在非重叠不透明度的基础上以相加的方式处理。例如，某蒙版作用前，蒙版重叠区域画面的不透明度为50%，如果当前蒙版的不透明度是50%，则运算后最终得出的蒙版重叠区域画面的不透明度是70%，如图6-54和图6-55所示。

图 6-54 图 6-55

相减：蒙版相减模式，将当前蒙版的蒙版对象减去，当前蒙版区域内容不显示。如果同时调整蒙版的不透明度，则不透明度越大，蒙版重叠区域内越透明；不透明度越小，蒙版重叠区域内越不透明，如图6-56和图6-57所示（上下两个蒙版不透明度都为100%的情况）。例如，某蒙版作用前，蒙版重叠区域画面的不透明度为80%，如果设置当前蒙版的不透明度为50%，则运算后最终得出的蒙版重叠区域画面的不透明度为40%，如图6-58和图6-59所示。

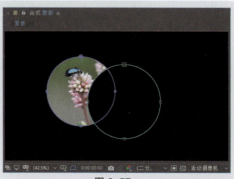

图 6-56 图 6-57

图 6-58

图 6-59

交集：采取交集方式混合蒙版，只显示当前蒙版与上面所有蒙版组合的结果相交部分的内容，相交区域内的不透明度是在上面蒙版的基础上再进行一个百分比运算得到的，如图 6-60 和图 6-61 所示（上下两个蒙版不透明度都为 100% 的情况）。例如，某蒙版作用前，蒙版重叠区域画面的不透明度为 60%，如果设置当前蒙版的不透明度为 50%，则运算后最终得出的蒙版重叠区域画面的不透明度为 30%，如图 6-62 和图 6-63 所示。

图 6-60

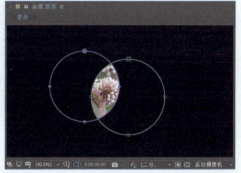
图 6-61

图 6-62

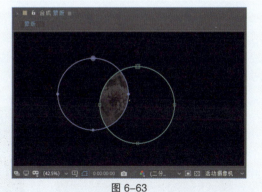
图 6-63

变亮：对可视区域来讲，此模式与"相加"模式一样，但是对于蒙版重叠处的不透明度，则采用较高的不透明度。例如，某蒙版作用前，蒙版的重叠区域画面的不透明度为 60%，如果设置当前蒙版的不透明度为 80%，则运算后最终得出的蒙版重叠区域画面的不透明度为 80%，如图 6-64 和图 6-65 所示。

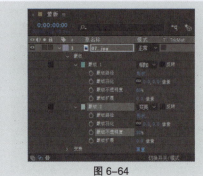

图 6-64   图 6-65

　　变暗：对可视区域来讲，此模式与"相减""交集"模式一样，但是对于蒙版重叠处的不透明度，则采用较低的不透明度。例如，某蒙版作用前，重叠区域画面的不透明度是 40%，如果设置当前蒙版的不透明度为 100%，则运算后最终得出的蒙版重叠区域画面的不透明度为 40%，如图 6-66 和图 6-67 所示。

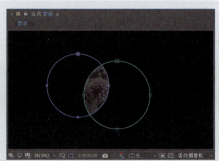

图 6-66   图 6-67

　　差值：此模式对可视区域采取的是并集减交集的方式。也就是说，先将当前蒙版与上面所有蒙版组合的结果进行并集运算，然后将当前蒙版与上面所有蒙版组合的结果中的相交部分相减。关于不透明度，与上面蒙版组合的结果未相交部分采取当前蒙版的不透明度设置，相交部分采用两者之间的差值，如图 6-68 和图 6-69 所示（上下两个蒙版不透明度都为 100% 的情况）。例如，某蒙版作用前，重叠区域画面的不透明度为 40%，如果设置当前蒙版的不透明度为 60%，则运算后最终得出的蒙版重叠区域画面的不透明度为 20%。当前蒙版未重叠区域的不透明度为 60%，如图 6-70 和图 6-71 所示。

图 6-68   图 6-69

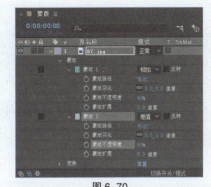
图 6-70

图 6-71

反转：该复选框用于将蒙版进行反向处理，未勾选与勾选"反转"复选框的效果分别如图 6-72 和图 6-73 所示。

图 6-72

图 6-73

⊙ 设置蒙版动画属性的区域：可以为各蒙版属性添加关键帧动画效果。

蒙版路径：蒙版形状设置，单击右侧的"形状"，会弹出"蒙版形状"对话框，选择"图层 > 蒙版 > 蒙版形状"命令也可打开该对话框。

蒙版羽化：蒙版羽化控制，可以通过羽化蒙版得到更自然的融合效果，并且 x 轴和 y 轴方向可以有不同的羽化程度。单击 🔗 按钮，可以将两个轴锁定和释放，效果如图 6-74 所示。

蒙版不透明度：调整蒙版的不透明度，不透明度为 100% 和不透明度为 50% 的效果分别如图 6-75 和图 6-76 所示。

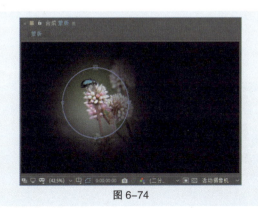
图 6-74

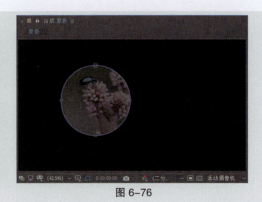

图 6-75　　　　　　　　　　　　　　　　　　图 6-76

蒙版扩展：调整蒙版的扩展程度，正值为扩展蒙版区域，负值为收缩蒙版区域，"蒙版扩展"为
"100"和"蒙版扩展"为"-100"的效果分别如图 6-77 和图 6-78 所示。

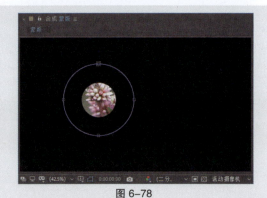

图 6-77　　　　　　　　　　　　　　　　　　图 6-78

6.3　课堂练习——调色效果

【练习知识要点】使用"色阶"命令调整图像的明度，使用"定向模糊"命令制作图像模
糊效果，使用"钢笔工具"制作蒙版效果。调色效果如图 6-79 所示。

【效果所在位置】云盘 \Ch06\ 调色效果 \ 调色效果 . aep。

扫码观看
本案例视频

图 6-79

【习题知识要点】使用"导入"命令导入素材，使用"矩形工具"和"椭圆工具"制作蒙版，使用关键帧制作蒙版动画效果。动感相册效果如图 6-80 所示。

【效果所在位置】云盘 \Ch06\ 动感相册效果 \ 动感相册效果 .aep。

扫码观看
本案例视频

图 6-80

第 7 章
抠像

07

▶ **本章介绍**

　　本章对 After Effects 2020 中的抠像功能进行详细讲解，包括颜色差值键抠像、颜色键抠像、颜色范围抠像、差值遮罩抠像、提取抠像、内部 / 外部键抠像、线性颜色键抠像、亮度键抠像、高级溢出抑制器和外挂抠像等内容。通过对本章的学习，读者可以自如地应用抠像功能进行实际创作。

课堂学习目标

知识目标

- 掌握抠像效果的使用方法
- 了解外挂抠像的使用方法

技能目标

- 掌握"数码家电广告"的制作方法
- 掌握"动物园广告"的制作方法

素养目标

- 培养能够准确观察和分析图像的能力
- 培养具有良好的手眼协调的能力
- 培养能够准确地抠图和处理各种细节的能力

第 7 章

7.1 抠像效果

抠像通过指定一种颜色，然后将与其近似的像素抠除，使被抠像的区域透明。抠像相对简单，对拍摄质量好、背景比较单纯的素材有不错的效果，但是不适合用于处理复杂情况。

7.1.1 课堂案例——数码家电广告

【**案例学习目标**】学习使用键控命令制作抠像效果。

【**案例知识要点**】使用"颜色差值键"命令修复图片效果，使用"位置"属性设置图片的位置，使用"不透明度"属性制作图片动画效果。数码家电广告效果如图7-1所示。

【**效果所在位置**】云盘 \Ch07\ 数码家电广告 \ 数码家电广告 .aep。

图 7-1

（1）按"Ctrl+N"组合键，弹出"合成设置"对话框，在"合成名称"文本框中输入"抠像"，其他选项的设置如图7-2所示，单击"确定"按钮，创建一个新的合成"抠像"。选择"文件 > 导入 > 文件"命令，弹出"导入文件"对话框，选择云盘中的"Ch07\ 数码家电广告 \（Footage）\ 01.jpg、02.jpg"文件，单击"导入"按钮，导入图片。

（2）在"项目"面板中选中"02.jpg"文件并将其拖曳到"时间轴"面板中。"合成"面板中的效果如图7-3所示。

图 7-2   图 7-3

（3）选中"02.jpg"图层，选择"效果 > 抠像 > 颜色差值键"命令，选择"主色"选项右侧的吸管工具 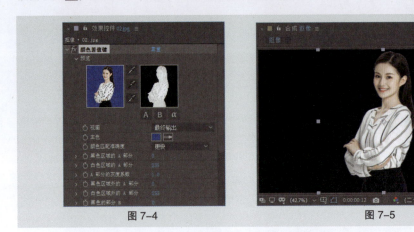，如图 7-4 所示，吸取背景素材上的蓝色。"合成"面板中的效果如图 7-5 所示。

图 7-4   图 7-5

（4）在"效果控件"面板中设置参数，如图 7-6 所示。"合成"面板中的效果如图 7-7 所示。

图 7-6   图 7-7

（5）按"Ctrl+N"组合键，弹出"合成设置"对话框，在"合成名称"文本框中输入"最终效果"，其他选项的设置如图 7-8 所示，单击"确定"按钮，创建一个新的合成"最终效果"。在"项目"面板中选择"01.jpg"文件和"抠像"合成，将它们拖曳到"时间轴"面板中，图层的排列如图 7-9 所示。

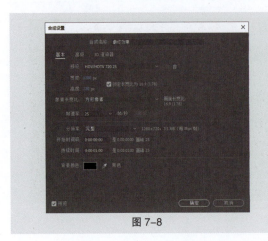

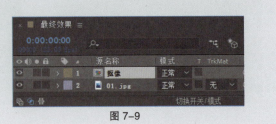

图 7-8   图 7-9

（6）选中"抠像"图层，按"P"键，展开"位置"属性，设置"位置"为"989.0,360.0"，如图 7-10 所示。"合成"面板中的效果如图 7-11 所示。

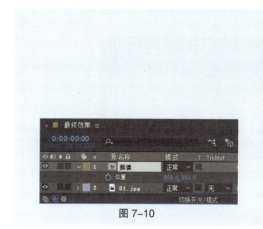

图 7-10　　　　　　　　　　　　　　　　　图 7-11

（7）将时间标签放置在 0:00:00:00 的位置，按"T"键，展开"不透明度"属性，设置"不透明度"为"0%"，单击"不透明度"属性左侧的"关键帧自动记录器"按钮，如图 7-12 所示，记录第 1 个关键帧。

（8）将时间标签放置在 0:00:00:02 的位置，在"时间轴"面板中设置"不透明度"为"100%"，如图 7-13 所示，记录第 2 个关键帧。

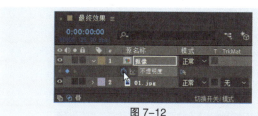

图 7-12　　　　　　　　　　　　　　　　　图 7-13

（9）将时间标签放置在 0:00:00:04 的位置，在"时间轴"面板中设置"不透明度"为"0%"，如图 7-14 所示，记录第 3 个关键帧。将时间标签放置在 0:00:00:06 的位置，在"时间轴"面板中设置"不透明度"为"100%"，如图 7-15 所示，记录第 4 个关键帧。数码家电广告制作完成。

图 7-14　　　　　　　　　　　　　　　　　图 7-15

7.1.2　颜色差值键

颜色差值键把图像划分为两种蒙版透明效果。局部蒙版 B 使指定的抠像颜色变为透明，局部蒙版 A 使图像中不包含第二种不同颜色的区域变为透明。这两种蒙版效果联合起来就得到最终的第三种蒙版效果，即背景变为透明。

颜色差值键抠像的左侧缩略图表示原始图像，右侧缩略图表示蒙版效果，吸管工具  用于在原始图像缩略图中拾取抠像颜色，吸管工具 ✏ 用于在蒙版缩略图中拾取透明区域的颜色，吸管工具 ✏ 用于在蒙版缩略图中拾取不透明区域颜色，如图 7-16 所示。

图 7-16

视图：指定合成视图中显示的合成效果。

主色：通过吸管工具拾取透明区域的颜色。

颜色匹配准确度：用于控制匹配颜色的准确度。屏幕不包含主色调会得到较好的效果。

蒙版控制：调整通道中的"黑色遮罩""白色遮罩""遮罩灰度系数"参数值来修改图像蒙版的不透明度。

7.1.3 颜色键

颜色键可抠出与指定的主色相似的图像像素。颜色键的参数设置如图 7-17 所示。

图 7-17

主色：通过吸管工具拾取透明区域的颜色。

颜色容差：用于调节与抠像颜色匹配的颜色范围。该参数值越大，抠取的颜色范围就越大；该参数值越小，抠取的颜色范围就越小。

薄化边缘：减小所选区域边缘的像素值。

羽化边缘：设置抠像区域的边缘以产生柔和羽化效果。

After Effects 核心应用案例教程（After Effects 2020）（全彩慕课版）

7.1.4　颜色范围

可以通过去除 Lab、YUV 或 RGB 模式中指定的颜色范围来创建透明效果。用户可以对多种颜色组成的背景屏幕图像，如不均匀光照并且包含同种颜色阴影的蓝色或绿色屏幕图像应用该滤镜效果。颜色范围的参数设置如图 7-18 所示。

图 7-18

模糊：设置选区边缘的模糊量。

色彩空间：设置颜色之间的距离，有 Lab、YUV、RGB 这 3 个选项，每个选项对颜色的不同变化有不同的反映。

最大值 / 最小值：对图层的透明区域进行微调。

7.1.5　差值遮罩

差值遮罩可以对比源图层和对比图层的颜色值，将源图层中与对比图层颜色相同的像素删除，从而创建透明效果。该效果的典型应用是将一个复杂背景中的移动物体合成到其他场景中，通常情况下，对比图层采用源图层的背景图像。差值遮罩的参数设置如图 7-19 所示。

图 7-19

差值图层：设置将哪一图层作为对比图层。

如果图层大小不同：设置对比图层与源图层的大小匹配方式，有居中和拉伸两个选项。

差值前模糊：细微模糊两个控制图层中的颜色噪点。

7.1.6　提取

提取通过图像的亮度范围来创建透明效果。图像中所有与指定的亮度范围相近的像素都将被删除，具有黑色或白色背景的图像，或者包含多种颜色的黑暗或明亮的背景图像非常适合通过提取创建透明效果，提取还可以用来删除影片中的阴影。提取的参数设置如图 7-20 所示。

图 7-20

7.1.7 内部 / 外部键

内部 / 外部键通过图层的遮罩路径来确定要隔离的物体边缘，从而把前景物体从它的背景中隔离出来。利用该效果可以将具有不规则边缘的物体从它的背景中分离出来，这里使用的遮罩路径可以十分粗略，不一定正好在物体的边缘。内部 / 外部键的参数设置如图 7-21 所示。

图 7-21

7.1.8 线性颜色键

线性颜色键既可以用来抠像，又可以用来保护不应删除的颜色区域，避免误删除。线性颜色键的参数设置如图 7-22 所示。如果在图像中抠出的物体包含被抠像颜色，则对其进行抠像时，这些区域可能也会变成透明区域，这时对图像施加该效果，然后在"效果控件"面板中选择"主要操作"为"保持颜色"，可以找回不该删除的部分。

图 7-22

7.1.9 亮度键

亮度键根据图层的亮度对图像进行抠像处理，可以将图像中具有指定亮度的所有像素都删除，从而创建透明效果，而图层质量设置不会影响滤镜的效果。亮度键的参数设置如图 7-23 所示。

图 7-23

键控类型：包括抠出较亮区域、抠出较暗区域、抠出亮度相似区域和抠出亮度不同区域等抠像类型。

阈值：设置抠像的亮度极限数值。

容差：指定接近抠像亮度极限数值的像素范围，数值的大小可以直接影响抠像区域。

7.1.10 高级溢出抑制器

高级溢出抑制器可以去除键控后图像残留的键控色的痕迹，消除图像边缘溢出的键控色，这些溢出的键控色常常是由背景的反射造成的。高级溢出抑制器的参数设置如图 7-24 所示。

图 7-24

7.2 外挂抠像

根据实际制作任务的需要，可以将外挂抠像插件安装在计算机中。安装后，就可以使用功能强大的外挂抠像插件。例如，Keylight（1.2）插件是为专业的高端电影开发的抠像软件，用于精细地去除影像中任何一种指定的颜色。

7.2.1 课堂案例——动物园广告

【案例学习目标】学习使用外挂抠像命令制作复杂抠像效果。

【案例知识要点】使用"Keylight"命令修复图片效果，使用"位置"属性设置图片的位置。动物园广告效果如图 7-25 所示。

【效果所在位置】云盘 \Ch07\ 动物园广告 \ 动物园广告 .aep。

扫 码 观 看
本案例视频

图 7-25

（1）按"Ctrl+N"组合键，弹出"合成设置"对话框，在"合成名称"文本框中输入"最终效果"，其他选项的设置如图 7-26 所示，单击"确定"按钮，创建一个新的合成"最终效果"。

（2）选择"文件 > 导入 > 文件"命令，在弹出的"导入文件"对话框中，选择云盘中的"Ch07\ 动物园广告 \（Footage）\ 01.jpg、02.jpg"文件，单击"导入"按钮，将图片导入"项目"面板中，如图 7-27 所示。

图 7-26

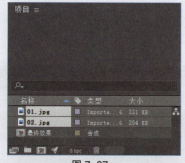

图 7-27

（3）在"项目"面板中，选中"01.jpg"和"02.jpg"文件，将它们拖曳到"时间轴"面板中，如图 7-28 所示。"合成"面板中的效果如图 7-29 所示。

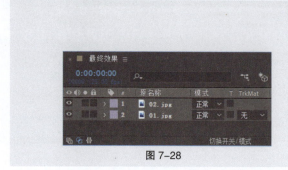

图 7-28

图 7-29

（4）选中"02.jpg"图层，选择"效果 > Keylight > Keylight(1.2)"命令，在"效果控件"面板中单击"Screen Colour"选项右侧的吸管工具![吸管]，如图 7-30 所示，在"合成"面板中的绿色背景上单击吸取颜色，效果如图 7-31 所示。

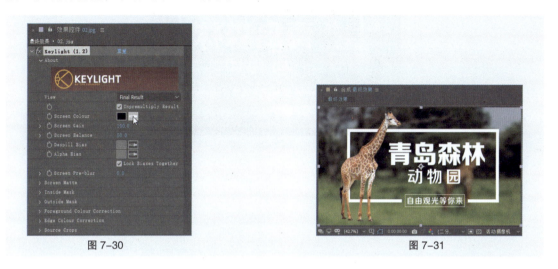

图 7-30　　　　　　　　　　　　　　　图 7-31

（5）选中"02.jpg"图层，按"P"键，展开"位置"属性，设置"位置"为"206.0,360.0"，如图 7-32 所示。"合成"面板中的效果如图 7-33 所示。

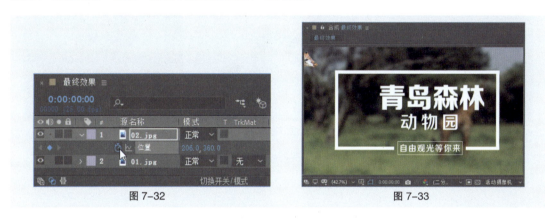

图 7-32　　　　　　　　　　　　　　　图 7-33

（6）将时间标签放置在 0:00:00:00 的位置，单击"位置"属性左侧的"关键帧自动记录器"按钮![秒表]，如图 7-34 所示，记录第 1 个关键帧。将时间标签放置在 0:00:00:10 的位置，设置"位置"为"640.0,360.0"，如图 7-35 所示，记录第 2 个关键帧。

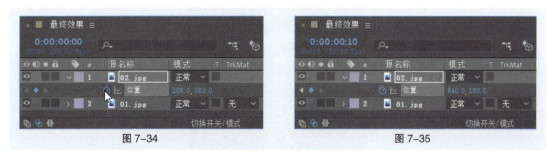

图 7-34　　　　　　　　　　　　　　　图 7-35

（7）动物园广告制作完成，如图 7-36 所示。

图 7-36

7.2.2 Keylight（1.2）

"抠像"一词是从早期电视制作中得来的，英文称作"Keylight"，意思是吸取画面中的某一种颜色作为透明色，将它从画面中删除，从而使背景透出来，形成两层画面的叠加合成。这样在室内拍摄的人物经抠像后可与各景物叠加在一起，形成各种奇特效果，如图 7-37 所示。

图 7-37

Keylight（1.2）是自 After Effects CS4 后新增的一个抠图插件，通过对不同参数的设置，可以对图像进行精细的抠像处理，如图 7-38 所示。

图 7-38

View（视图）：设置抠像时显示的视图。

Unpremultiply Result（非预乘结果）：勾选此复选框，表示不显示图像的 Alpha 通道；取消勾选此复选框，表示显示图像的 Alpha 通道。

Screen Colour（屏幕颜色）：设置要抠除的颜色。也可以单击该选项右侧的吸管工具，在要抠除的颜色上直接吸取。

Screen Gain（屏幕增益）：设置抠像后 Alpha 的暗部区域细节。

Screen Balance（屏幕平衡）：设置抠除颜色的平衡。

Despill Bias（去除溢色偏移）：设置抠除区域的颜色恢复程度。

Alpha Bias（偏移）：设置抠除 Alpha 部分的颜色恢复程度。

Lock Biases Together（锁定所有偏移）：勾选此复选框，可以设置抠除或偏差值。

Screen Pre-blur（屏幕预模糊）：设置抠除部分边缘的模糊效果，比较适用于有明显噪点的图像。

Screen Matte（屏幕蒙版）：设置抠除区域影像的属性。

Inside Mask（内部蒙版）：设置抠像时为图像添加内侧蒙版属性。

Outside Mask（外部蒙版）：设置抠像时为图像添加外侧蒙版属性。

Foreground Colour Correction（前景颜色校正）：设置蒙版影像的色彩属性。

Edge Colour Correction（边缘颜色校正）：设置抠除区域的边缘属性。

Source Crops（源裁剪）：设置裁剪影像的属性。

7.3 课堂练习——洗衣机广告

【练习知识要点】使用"颜色键"命令去除图片背景，使用"投影"命令为图片添加投影，使用"位置"属性改变图片位置。洗衣机广告效果如图 7-39 所示。

【效果所在位置】云盘 \Ch07\ 洗衣机广告 \ 洗衣机广告 .aep。

图 7-39

7.4 课后习题——运动鞋广告

【习题知识要点】使用"Keylight"命令修复图片，使用"缩放"属性和"不透明度"属性制作运动鞋动画。运动鞋广告效果如图 7-40 所示。

【效果所在位置】云盘 \Ch07\ 运动鞋广告 \ 运动鞋广告 . aep。

图 7-40

第 8 章

效果

08

▶ 本章介绍

　　本章主要介绍 After Effects 中各种效果的应用方法和"效果控件"面板中的各种参数设置，对有实用价值、存在一定难度的效果进行重点讲解。通过对本章的学习，读者可以快速了解并掌握 After Effects 2020 中效果制作的精髓部分。

课堂学习目标

知识目标

第 8 章

- 初步了解效果
- 掌握模糊和锐化效果组的使用方法
- 掌握颜色校正效果组的使用方法
- 掌握生成、扭曲效果组的使用方法
- 掌握杂波和颗粒效果组的使用方法
- 掌握模拟、风格化效果组的使用方法

技能目标

- 掌握"闪白效果"的制作方法
- 掌握"水墨画效果"的制作方法
- 掌握"修复逆光照片"的制作方法
- 掌握"动感模糊文字"的制作方法
- 掌握"透视光芒"的制作方法
- 掌握"放射光芒"的制作方法
- 掌握"降噪"的制作方法
- 掌握"气泡效果"的制作方法
- 掌握"手绘效果"的制作方法

素养目标

- 培养通过探索不同的功能创造独特图像的能力
- 培养对图像进行各类效果操作的实际应用的能力
- 培养具有审美眼光、学习和欣赏不同效果的能力

8.1 初步了解效果

After Effects 软件本身自带许多效果，包括音频、模糊和锐化、颜色校正、扭曲、模拟、风格化和文本等。效果不仅能对影片进行丰富的艺术加工，还可以提升影片的画面质量和播放效果。

8.1.1 为图层添加效果

为图层添加效果的方法有很多种，可以根据情况灵活应用。

⊙ 在"时间轴"面板中选择某个图层，再选择"效果"菜单中的效果命令即可。

⊙ 在"时间轴"面板的某个图层上单击鼠标右键，在弹出的菜单中打开"效果"子菜单，然后选择其中的滤镜命令即可。

⊙ 选择"窗口 > 效果和预设"命令，或按"Ctrl+5"组合键，打开"效果和预设"面板，从分类中选中需要的效果，然后将其拖曳到"时间轴"面板中需要添加效果的图层上即可，如图 8-1 所示。

⊙ 在"时间轴"面板中选择某个图层，然后选择"窗口 > 效果和预设"命令，打开"效果和预设"面板，双击分类中需要的效果即可。

对图层来讲，一种效果常常是不能满足创作需要的。通常使用以上任意一种方法，为图层添加多种效果，才能制作出复杂而千变万化的效果。但是，在同一图层应用多种效果时，一定要注意效果的添加顺序，因为不同的顺序可能会有完全不同的画面效果，如图 8-2 和图 8-3 所示。

图 8-1

图 8-2

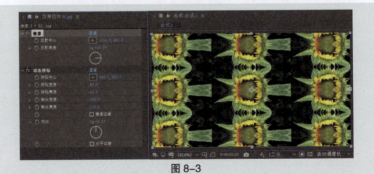

图 8-3

改变效果的顺序很简单，只要在"效果控件"面板或者"时间轴"面板中，上下拖曳效果到目标位置即可，如图8-4和图8-5所示。

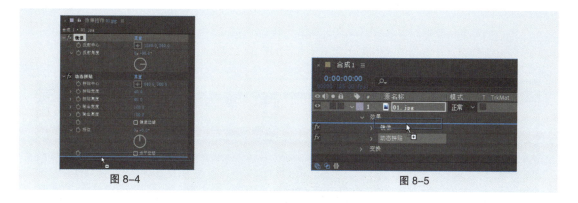

图8-4   图8-5

8.1.2 调整、删除、复制和暂时关闭效果

1. 调整效果

在为图层添加效果时，系统一般会自动将"效果控件"面板打开。如果该面板并未打开，可以选择"窗口 > 效果控件"命令将其打开。

添加效果后，效果的属性不同，产生的效果也不同，可以通过以下5种方式调整效果的属性。

⊙ 位置点定义：一般用来设置特效的中心位置。调整的方法有两种：一种是直接调整右侧的参数值；另一种是单击 ⊕ ，在"合成"面板中的合适位置单击，效果如图8-6所示。

图8-6

⊙ 调整数值：将鼠标指针放置在某个属性右侧的数值上，鼠标指针变为 🖐 时，左右拖曳鼠标可以调整数值，如图8-7所示，也可以直接在数值上单击将其激活，然后输入需要的数值。

图8-7

⊙ 调整滑块：左右拖动滑块调整数值。不过需要注意：滑块并不能显示参数的极限值。例如，对于复合模糊滤镜，虽然在调整滑块中看到的调整范围是 0 ~ 100，但如果用直接输入数值的方法调整，则能输入的最大值为 4000，因此在调整滑块中看到的调整范围一般是常用的数值范围，如图8-8所示。

⊙ 颜色选取框：主要用于选取或者改变颜色，单击会弹出图8-9所示的颜色选择对话框。

⊙ 角度旋转器：一般与角度和圈数设置有关，如图8-10所示。

图8-8   图8-9   图8-10

2．删除效果

删除效果的方法很简单，只需要在"效果控件"面板或者"时间轴"面板中选择某个效果，然后按"Delete"键即可。

> **提示：** 在"时间轴"面板中快速展开效果的方法是：选中含有效果的图层，按"E"键。

3．复制效果

如果只是在本图层中进行效果复制，只需要在"效果控件"面板或者"时间轴"面板中选中效果，然后按"Ctrl+D"组合键即可。

将效果复制到其他图层的具体操作步骤如下。

（1）在"效果控件"面板或者"时间轴"面板中选中源图层的一个或多个效果。

（2）选择"编辑 > 复制"命令，或者按"Ctrl+C"组合键，完成效果的复制操作。

（3）在"时间轴"面板中，选中目标图层，然后选择"编辑 > 粘贴"命令，或按"Ctrl+V"组合键，完成效果的粘贴操作。

4．暂时关闭效果

在"效果控件"面板或者"时间轴"面板中，有一个非常方便的开关 𝒇𝒙 。这个开关可以帮助用户暂时关闭某一个或某几个效果，使其不起作用，如图8-11和图8-12所示。

图8-11   图8-12

8.1.3　制作关键帧动画

1．在"时间轴"面板中制作关键帧动画

（1）在"时间轴"面板中选择某图层，选择"效果 > 模糊和锐化 > 高斯模糊"命令，添加高斯

模糊效果。

（2）按"E"键，展开效果属性，单击"高斯模糊"效果左侧的小箭头按钮 ，展开各项具体参数设置。

（3）单击"模糊度"属性左侧的"关键帧自动记录器"按钮 ，生成第1个关键帧，如图8-13所示。

（4）将时间标签移动到另一个时间位置，调整"模糊度"的数值，After Effects将自动生成第2个关键帧，如图8-14所示。

图 8-13   图 8-14

（5）按"0"键，预览动画。

2. 在"效果控件"面板中制作关键帧动画

（1）在"时间轴"面板中选择某图层，选择"效果 > 模糊和锐化 > 高斯模糊"命令，添加高斯模糊效果。

（2）在"效果控件"面板中，单击"模糊度"属性左侧的"关键帧自动记录器"按钮 ，如图8-15所示，或按住"Alt"键的同时单击"模糊度"，生成第1个关键帧。

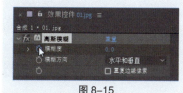

图 8-15

（3）将时间标签移动到另一个时间位置，在"效果控件"面板中，调整"模糊度"的数值，自动生成第2个关键帧。

8.1.4　使用效果预设

在赋予效果预设前必须确定时间标签所处的时间位置，因为赋予的效果预设如果含有动画信息，将会以时间标签所在位置为动画的起始点，如图8-16和图8-17所示。

 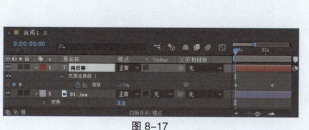

图 8-16   图 8-17

8.2　模糊和锐化

模糊和锐化效果组中的效果用来使图像模糊和锐化。模糊效果是最常用的效果之一，也是一种简便、易行的改变画面视觉效果的途径。动态的画面需要"虚实结合"，这样即使是平面的合成，也能给人空间感和对比感，让人产生联想，而且可以使用模糊效果来提升画面的质量，有时很粗糙的画面经过处理后会有良好的效果。

8.2.1　课堂案例——闪白效果

【案例学习目标】学习使用多种模糊效果。

【案例知识要点】使用"导入"命令导入素材，使用"快速方框模糊"命令、"色阶"命令制作图像闪白效果，使用"投影"命令制作文字投影效果，使用"效果和预设"命令制作文字动画效果。闪白效果如图 8-18 所示。

【效果所在位置】云盘 \Ch08\ 闪白效果 \ 闪白效果 .aep。

扫 码 观 看
本案例视频

图 8-18

1.　导入素材

（1）按"Ctrl+N"组合键，弹出"合成设置"对话框，在"合成名称"文本框中输入"最终效果"，其他选项的设置如图 8-19 所示，单击"确定"按钮，创建一个新的合成"最终效果"。

（2）选择"文件 > 导入 > 文件"命令，在弹出的"导入文件"对话框中，选择云盘中的"Ch08\ 闪白效果 \（Footage ）\ 01.jpg ~ 07.jpg"共 7 个文件，单击"导入"按钮，将图片导入"项目"面板中，如图 8-20 所示。

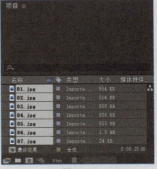

图 8-19　　　　　　　　　　　　　　　　图 8-20

（3）在"项目"面板中，选中"01.jpg ~ 05.jpg"文件，将它们拖曳到"时间轴"面板中，图层的排列如图 8-21 所示。将时间标签放置在 0:00:03:00 的位置，如图 8-22 所示。

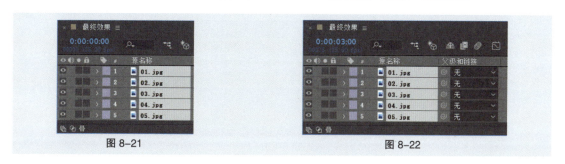

图 8-21　　　　　　　　　　　　　　　图 8-22

（4）选中"01.jpg"图层，按"Alt+]"组合键，设置动画的出点，"时间轴"面板如图 8-23 所示。用相同的方法分别设置"03.jpg""04.jpg""05.jpg"图层的出点，"时间轴"面板如图 8-24 所示。

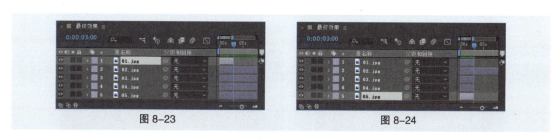

图 8-23　　　　　　　　　　　　　　　图 8-24

（5）将时间标签放置在 0:00:04:00 的位置，如图 8-25 所示。选中"02.jpg"图层，按"Alt+]"组合键，设置动画的出点，"时间轴"面板如图 8-26 所示。

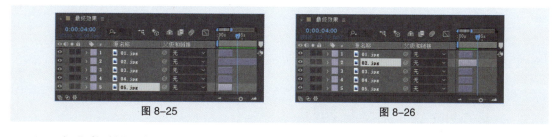

图 8-25　　　　　　　　　　　　　　　图 8-26

（6）在"时间轴"面板中选中"01.jpg"图层，在按住"Shift"键的同时，选中"05.jpg"图层，此两图层及其之间的图层将被选中，选择"动画 > 关键帧辅助 > 序列图层"命令，弹出"序列图层"对话框，取消勾选"重叠"复选框，如图 8-27 所示，单击"确定"按钮，每个图层依次排序，首尾相接，如图 8-28 所示。

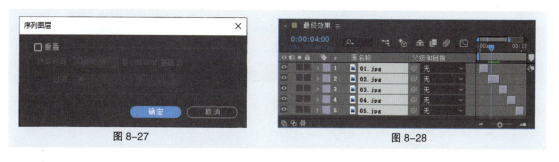

图 8-27　　　　　　　　　　　　　　　图 8-28

（7）选择"图层 > 新建 > 调整图层"命令，"时间轴"面板中新增一个调整图层，如图8-29所示。

图 8-29

2. 制作闪白效果

（1）选中"调整图层1"图层，选择"效果 > 模糊和锐化 > 快速方框模糊"命令，在"效果控件"面板中设置参数，如图8-30所示。"合成"面板中的效果如图8-31所示。

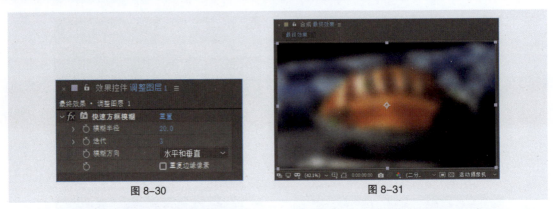

图 8-30　　　　　　　　　　　　　　　　图 8-31

（2）选择"效果 > 颜色校正 > 色阶"命令，在"效果控件"面板中设置参数，如图8-32所示。"合成"面板中的效果如图8-33所示。

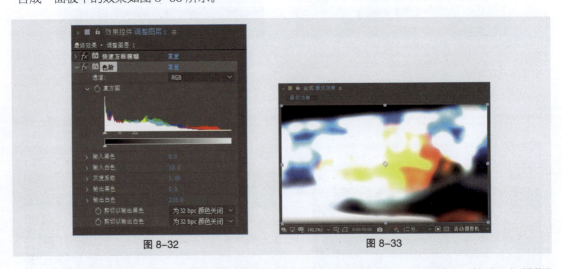

图 8-32　　　　　　　　　　　　　　　　图 8-33

（3）将时间标签放置在0:00:00:00的位置，在"效果控件"面板中，分别单击"快速方框模糊"效果中的"模糊半径"选项和"色阶"效果中的"直方图"选项左侧的"关键帧自动记录器"按钮 🕒，记录第 1 个关键帧，如图 8-34 所示。

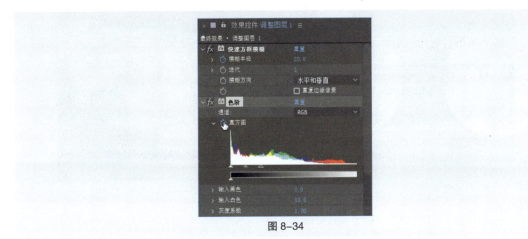

图 8-34

（4）将时间标签放置在 0:00:00:06 的位置，在"效果控件"面板中，设置"模糊半径"为"0.0"，"输入白色"为"255.0"，如图 8-35 所示，记录第 2 个关键帧。"合成"面板中的效果如图 8-36 所示。

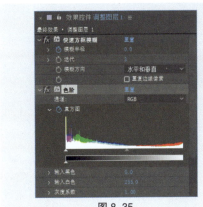

图 8-35

图 8-36

（5）将时间标签放置在 0:00:02:04 的位置，按"U"键展开所有关键帧，如图 8-37 所示。单击"时间轴"面板中的"模糊半径"选项和"直方图"选项左侧的"在当前时间添加或移除关键帧"按钮 ，如图 8-38 所示，记录第 3 个关键帧。

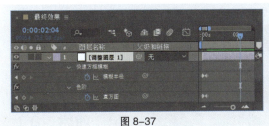

图 8-37

图 8-38

（6）将时间标签放置在 0:00:02:14 的位置，在"效果控件"面板中，设置"模糊半径"为"7.0"，"输入白色"为"94.0"，如图 8-39 所示，记录第 4 个关键帧。"合成"面板中的效果如图 8-40 所示。

图 8-39   图 8-40

（7）将时间标签放置在 0:00:03:08 的位置，在"效果控件"面板中，设置"模糊半径"为"20.0"，"输入白色"为"58.0"，如图 8-41 所示，记录第 5 个关键帧。"合成"面板中的效果如图 8-42 所示。

（8）将时间标签放置在 0:00:03:18 的位置，在"效果控件"面板中，设置"模糊半径"为"0.0"，"输入白色"为"255.0"，如图 8-43 所示，记录第 6 个关键帧。"合成"面板中的效果如图 8-44 所示。

图 8-41   图 8-42

图 8-43   图 8-44

（9）至此，第一段素材与第二段素材之间的闪白动画制作完成。用同样的方法设置其他素材的闪白动画，如图8-45所示。

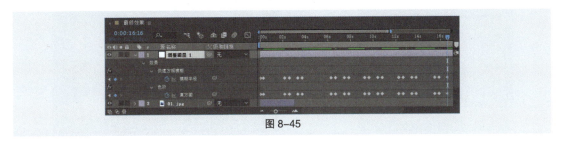
图8-45

3. 编辑文字

（1）在"项目"面板中，选中"06.jpg"文件并将其拖曳到"时间轴"面板中，图层的排列如图8-46所示。将时间标签放置在0:00:15:23的位置，按"Alt+["组合键，设置动画的入点，"时间轴"面板如图8-47所示。

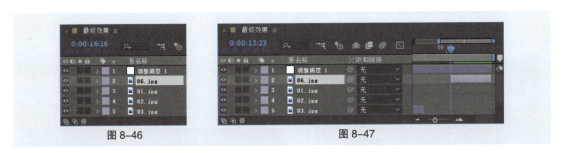

图8-46   图8-47

（2）选中"调整图层1"图层，将时间标签放置在0:00:20:00的位置。选择"横排文字工具" **T**，在"合成"面板中输入文字"爱上中餐厅"。选中文字，在"字符"面板中，设置"填充颜色"为青绿色（其R、G、B值分别为76、244、255），在"段落"面板中设置对齐方式为文字居中，其他参数设置如图8-48所示。

（3）选中文字图层，按"P"键，展开"位置"属性，设置"位置"为"650.0,353.0"。"合成"面板中的效果如图8-49所示。

图8-48   图8-49

（4）选中文字图层，把该图层拖曳到调整图层的下面，选择"效果 > 透视 > 投影"命令，在"效果控件"面板中设置参数，如图8-50所示。"合成"面板中的效果如图8-51所示。

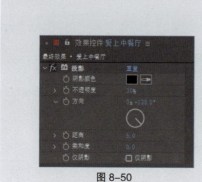

图 8-50   图 8-51

（5）将时间标签放置在 0:00:16:20 的位置，选择"窗口 > 效果和预设"命令，打开"效果和预设"面板，展开"动画预设"选项，双击"Text > Animate In > 解码淡入"选项，文字图层会自动添加动画效果。"合成"面板中的效果如图 8-52 所示。

（6）将时间标签放置在 0:00:18:08 的位置，选中文字图层，按"U"键展开所有关键帧，在按住"Shift"键的同时，拖曳第 2 个关键帧到时间标签所在的位置，如图 8-53 所示。

图 8-52   图 8-53

（7）在"项目"面板中，选中"07.jpg"文件并将其拖曳到"时间轴"面板中，设置图层的混合模式为"屏幕"，图层的排列如图 8-54 所示。将时间标签放置在 0:00:18:13 的位置，选中"07.jpg"图层，按"Alt+["组合键，设置动画的入点，"时间轴"面板如图 8-55 所示。

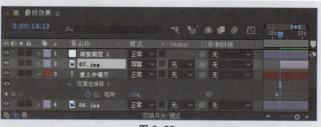

图 8-54   图 8-55

（8）选中"07.jpg"图层，按"P"键，展开"位置"属性，设置"位置"为"1122.0,380.0"，单击"位置"属性左侧的"关键帧自动记录器"按钮 ⏱，如图 8-56 所示，记录第 1 个关键帧。将时间标签放置在 0:00:20:00 的位置，设置"位置"为"-208.0,380.0"，记录第 2 个关键帧，如图 8-57 所示。

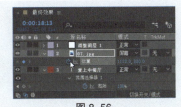
图 8-56

图 8-57

（9）选中"07.jpg"图层，按"Ctrl+D"组合键复制图层，按"U"键，展开所有关键帧，将时间标签放置在 0:00:18:13 的位置，设置"位置"为"159.0,380.0"，如图 8-58 所示。将时间标签放置在 0:00:20:00 的位置，设置"位置"为"1606.0,380.0"，如图 8-59 所示。

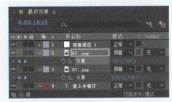
图 8-58

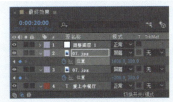
图 8-59

（10）闪白效果制作完成，如图 8-60 所示。

图 8-60

8.2.2　高斯模糊

高斯模糊效果用于模糊和柔化图像，可以去除杂点。高斯模糊能产生更细腻的模糊效果，尤其是单独使用的时候。高斯模糊效果的参数设置如图 8-61 所示。

图 8-61

模糊度：调整图像的模糊程度。

模糊方向：设置模糊的方式，包括水平和垂直、水平、垂直 3 种模糊方式。

高斯模糊效果演示如图 8-62、图 8-63 和图 8-64 所示。

图 8-62　　　　　　　　　　　　图 8-63　　　　　　　　　　　　图 8-64

8.2.3　定向模糊

定向模糊也称为方向模糊。这是一种十分具有动感的模糊效果，可以产生任何方向的运动效果。当图层为草稿质量时，应用图像边缘的平均值；为最高质量时，应用高斯模式的模糊，产生平滑、渐变的模糊效果。定向模糊效果的参数设置如图 8-65 所示。

图 8-65

方向：调整模糊的方向。

模糊长度：调整模糊程度，数值越大，模糊程度也就越大。

定向模糊效果演示如图 8-66、图 8-67 和图 8-68 所示。

图 8-66　　　　　　　　　　　　图 8-67　　　　　　　　　　　　图 8-68

8.2.4　径向模糊

径向模糊效果可以在图层中围绕特定点为图像增加移动或旋转模糊的效果，径向模糊效果的参数设置如图 8-69 所示。

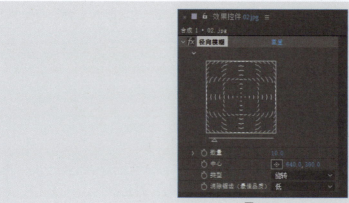

图 8-69

数量：控制图像的模糊程度。模糊程度的大小取决于模糊数量，在旋转类型下，模糊数量表示旋转模糊程度；在缩放类型下，模糊数量表示缩放模糊程度。

中心：调整模糊中心点的位置。可以通过单击 按钮后在"合成"面板中指定中心点的位置。

类型：设置模糊类型，包括旋转和缩放两种模糊类型。

消除锯齿（最佳品质）：该功能只在图像的最高品质下起作用。

径向模糊效果演示如图 8-70、图 8-71 和图 8-72 所示。

 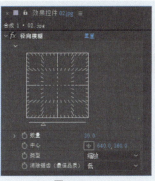 

| 图 8-70 | 图 8-71 | 图 8-72 |

8.2.5 快速方框模糊

快速方框模糊效果用于设置图像的模糊程度，它和高斯模糊十分相似，而它在大面积应用时实现速度更快，效果更明显。快速方框模糊效果的参数设置如图 8-73 所示。

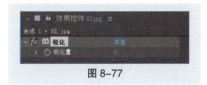

图 8-73

模糊半径：用于设置模糊程度。

迭代：设置模糊效果连续应用到图像的次数。

模糊方向：设置模糊方向，包括水平和垂直、水平、垂直 3 种方式。

重复边缘像素：勾选此复选框可让边缘保持清晰。

快速模糊效果演示如图 8-74、图 8-75 和图 8-76 所示。

| 图 8-74 | 图 8-75 | 图 8-76 |

8.2.6 锐化

锐化效果用于锐化图像，在图像颜色发生变化的地方提高图像的对比度。锐化效果的参数设置如图 8-77 所示。

锐化量：用于设置锐化的程度。

图 8-77

锐化效果演示如图 8-78、图 8-79 和图 8-80 所示。

图 8-78　　　　　　　　　图 8-79　　　　　　　　　图 8-80

8.3　颜色校正

　　在视频制作过程中，画面颜色的处理是一项很重要的内容，有时会直接影响视频的效果。颜色校正效果组下的众多效果可以用来修正不好的画面颜色，也可以调节正常的画面颜色，使其更加精彩。

8.3.1　课堂案例——水墨画效果

　　【案例学习目标】学习调整图像的色相/饱和度、曲线。
　　【案例知识要点】使用"查找边缘"命令、"色相/饱和度"命令、"曲线"命令、"高斯模糊"命令制作水墨画效果。水墨画效果如图 8-81 所示。
　　【效果所在位置】云盘 \Ch08\ 水墨画效果 \ 水墨画效果 .aep。

图 8-81

1.　导入并编辑素材

　　（1）按"Ctrl+N"组合键，弹出"合成设置"对话框，在"合成名称"文本框中输入"最终效果"，其他选项的设置如图 8-82 所示，单击"确定"按钮，创建一个新的合成"最终效果"。
　　（2）选择"文件 > 导入 > 文件"命令，在弹出的"导入文件"对话框中，选择云盘中的"Ch08 \ 水墨画效果 \（Footage）\ 01.mp4"文件，如图 8-83 所示，单击"导入"按钮，视频被导入"项目"面板中。

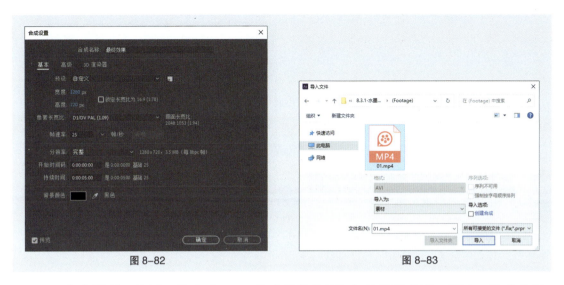

图 8-82　　　　　　　　　　　　　　　　　　　　图 8-83

（3）在"项目"面板中，选中"01.mp4"文件并将其拖曳到"时间轴"面板中。按"S"键，展开"缩放"属性，设置"缩放"为"70.0,70.0%"，如图 8-84 所示。"合成"面板中的效果如图 8-85所示。

图 8-84　　　　　　　　　　　　　　　　　　　　图 8-85

（4）按"Ctrl+D"组合键复制图层，如图 8-86 所示，单击复制得到的图层左侧的眼睛按钮，隐藏该层，如图 8-87 所示。

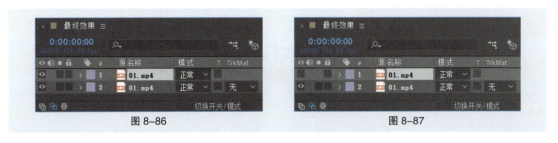

图 8-86　　　　　　　　　　　　　　　　　　　　图 8-87

（5）选中"图层 2"图层，选择"效果 > 风格化 > 查找边缘"命令，在"效果控件"面板中进行参数设置，如图 8-88 所示。"合成"面板中的效果如图 8-89 所示。

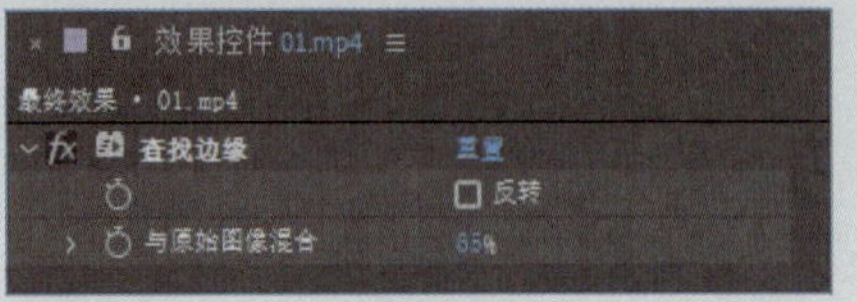

图 8-88 　　　　　　　　　　　　　　　　图 8-89

（6）选择"效果 > 颜色校正 > 色相 / 饱和度"命令，在"效果控件"面板中进行参数设置，如图 8-90 所示。"合成"面板中的效果如图 8-91 所示。

图 8-90　　　　　　　　　　　　　　　　图 8-91

（7）选择"效果 > 颜色校正 > 曲线"命令，在"效果控件"面板中调整曲线，如图 8-92 所示。"合成"面板中的效果如图 8-93 所示。

图 8-92　　　　　　　　　　　　　　　　图 8-93

（8）选择"效果 > 模糊和锐化 > 高斯模糊"命令，在"效果控件"面板中进行参数设置，如图 8-94 所示。"合成"面板中的效果如图 8-95 所示。

After Effects 核心应用案例教程（After Effects 2020）（全彩慕课版）

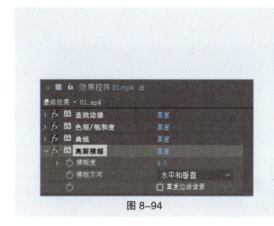

图 8-94   图 8-95

2. 制作水墨画效果

（1）在"时间轴"面板中，单击"图层 1"图层左侧的■，显示该图层。按"T"键，展开"不透明度"属性，设置"不透明度"为"70%"，图层的混合模式为"相乘"，如图 8-96 所示。"合成"面板中的效果如图 8-97 所示。

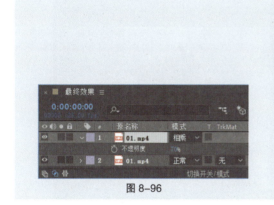

图 8-96   图 8-97

（2）选择"效果 > 风格化 > 查找边缘"命令，在"效果控件"面板中进行参数设置，如图 8-98 所示。"合成"面板中的效果如图 8-99 所示。

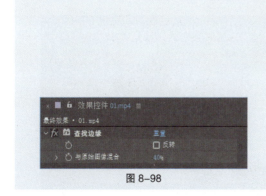

图 8-98   图 8-99

（3）选择"效果 > 颜色校正 > 色相 / 饱和度"命令，在"效果控件"面板中进行参数设置，如

图 8-100 所示。"合成"面板中的效果如图 8-101 所示。

图 8-100   图 8-101

（4）选择"效果 > 颜色校正 > 曲线"命令，在"效果控件"面板中调整曲线，如图 8-102 所示。"合成"面板中的效果如图 8-103 所示。

图 8-102   图 8-103

（5）选择"效果 > 模糊和锐化 > 快速方框模糊"命令，在"效果控件"面板中进行参数设置，如图 8-104 所示。"合成"面板中的效果如图 8-105 所示。水墨画效果制作完成。

图 8-104   图 8-105

8.3.2 亮度和对比度

亮度和对比度效果用于调整画面的亮度和对比度，可以同时调整所有像素的高亮、暗部和中间色，操作简单，但不能调节单一通道，如图 8-106 所示。

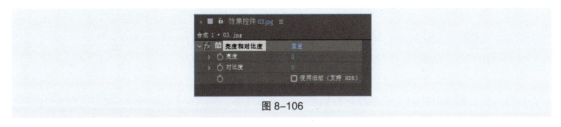

图 8-106

亮度：用于调整亮度值。正值提高亮度，负值降低亮度。

对比度：用于调整对比度值。正值提高对比度，负值降低对比度。

亮度与对比度效果演示如图 8-107、图 8-108 和图 8-109 所示。

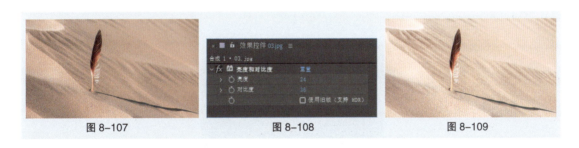

图 8-107   图 8-108   图 8-109

8.3.3 曲线

After Effects 中的曲线控制功能与 Photoshop 中的曲线控制功能类似，可对图像的各个通道进行控制，调节图像色调范围。可以用 0~255 的灰阶调节颜色。用色阶也可以完成同样的工作，但是曲线的控制能力更强。曲线效果控件是 After Effects 非常重要的一个调色工具，如图 8-110 所示。

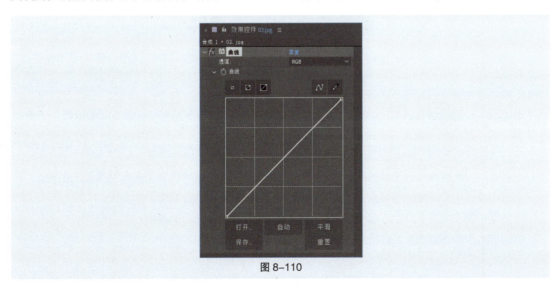

图 8-110

在曲线中，可以调整图像的阴影部分、中间色调区域和高亮区域。

通道：用于选择需要调节的通道，可以调节图像的 RGB 通道，也可以分别调节红、绿、蓝和 Alpha 通道。

曲线：用于调整校正值，即输入（原始亮度）和输出的对比度。

曲线工具 ：选中"曲线工具" 并单击曲线，可以在曲线上增加控制点。如果要删除控制点，可在曲线上选中要删除的控制点，将其拖曳至坐标区域外。拖曳控制点可编辑曲线。

铅笔工具 ：选中"铅笔工具" ，可以在坐标区域中拖曳鼠标绘制一条曲线。

平滑按钮：单击此按钮，可以平滑曲线。

自动按钮：单击此按钮，可以自动调整图像的对比度。

打开按钮：单击此按钮，可以打开存储的曲线调节文件。

保存按钮：单击此按钮，可以将调节完成的曲线存储为一个 .amp 或 .acv 文件，以供再次使用。

8.3.4 色相／饱和度

色相／饱和度效果用于调整图像的色相、饱和度和亮度。其应用的效果和色彩平衡一样，但颜色相应调整基于色轮。色相／饱和度效果的参数设置如图 8–111 所示。

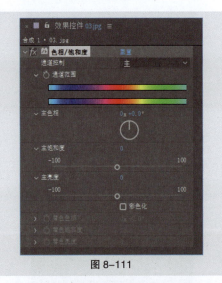

图 8–111

通道控制：用于选择应用效果的颜色通道，选择"主"时，对所有颜色应用效果，如果分别选择红、黄、绿、青、蓝和品红通道，则对所选颜色应用效果。

通道范围：显示颜色映射的谱线，用于控制通道范围。上面的色条表示调节前的颜色，下面的色条表示如何在全饱和状态下影响所有色相。调节单独的通道时，下面的色条会显示控制滑块。拖曳竖条可调节颜色范围，拖曳三角可调整羽化量。

主色相：控制所调节的颜色通道的色调，可利用颜色控制轮盘（代表色轮）改变总的色调。

主饱和度：用于调整主饱和度。拖动滑块可以控制所调节的颜色通道的饱和度。

主亮度：用于调整主亮度。拖动滑块可以控制所调节的颜色通道的亮度。

彩色化：勾选该复选框可以将灰阶图转换为带有色调的双色图。

着色色相：可以通过颜色控制轮盘控制彩色化图像后的色调。

着色饱和度：拖动滑块可以控制彩色化图像后的饱和度。

着色亮度：拖动滑块可以控制彩色化图像后的亮度。

提示: 色相 / 饱和度效果是 After Effects 非常重要的一个调色工具,在更改对象色相属性时很有用。在调节颜色的过程中,可以使用色轮来预测图像中相应颜色区域的改变效果,并了解这些更改如何在 RGB 色彩模式间转换。

色相 / 饱和度效果演示如图 8-112、图 8-113 和图 8-114 所示。

| 图 8-112 | 图 8-113 | 图 8-114 |

8.3.5　课堂案例——修复逆光照片

【**案例学习目标**】学习使用色阶调整图片。

【**案例知识要点**】使用"导入"命令导入素材,使用"色阶"命令调整图像的亮度。修复逆光照片效果如图 8-115 所示。

【**效果所在位置**】云盘 \Ch08\ 修复逆光照片 \ 修复逆光照片 .aep。

图 8-115

（1）按"Ctrl+N"组合键,弹出"合成设置"对话框,在"合成名称"文本框中输入"最终效果",其他选项的设置如图 8-116 所示,单击"确定"按钮,创建一个新的合成"最终效果"。

（2）选择"文件 > 导入 > 文件"命令,在弹出的"导入文件"对话框中,选择云盘中的"Ch08 \ 修复逆光的照片 \（Footage）\ 01.jpg"文件,单击"导入"按钮,图片被导入"项目"面板中,将图片拖曳到"时间轴"面板中。"合成"面板中的效果如图 8-117 所示。

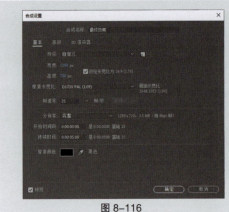
图 8-116

图 8-117

（3）选中"01.jpg"图层，选择"效果 > 颜色校正 > 色阶"命令，在"效果控件"面板中设置参数，如图 8-118 所示。逆光照片修复完成，如图 8-119 所示。

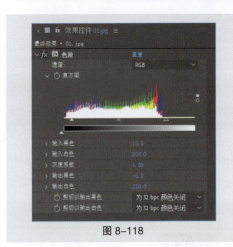
图 8-118

图 8-119

8.3.6　颜色平衡

颜色平衡效果用于调整图像的色彩平衡。分别调节图像的红、绿、蓝通道，可以调节颜色阴影、中间调和高亮部分的强度，如图 8-120 所示。

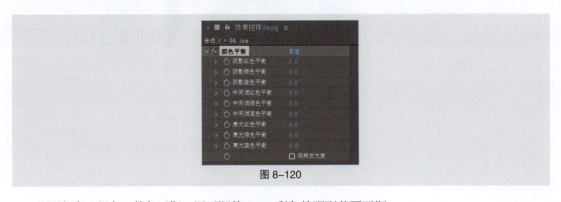
图 8-120

阴影红色 / 绿色 / 蓝色平衡：用于调整 RGB 彩色的阴影范围平衡。

中间调红色／绿色／蓝色平衡：用于调整 RGB 彩色的中间调范围平衡。

高光红色／绿色／蓝色平衡：用于调整 RGB 彩色的高亮范围平衡。

保持发光度：勾选该复选框可以保持图像的平均亮度来保持图像的整体平衡。

颜色平衡效果演示如图 8-121、图 8-122 和图 8-123 所示。

图 8-121　　　　　　　　　　　图 8-122　　　　　　　　　　　图 8-123

8.3.7　色阶

色阶效果是一个常用的调色工具，用于将输入的颜色范围重新映射到输出的颜色范围中，还可以改变 Gamma 校正曲线。色阶效果主要用于调整基本的影像质量，其参数设置如图 8-124 所示。

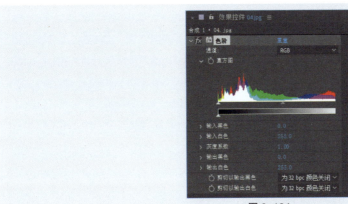

图 8-124

通道：用于选择需要调控的通道。可以选择 RGB（彩色通道）、Red（红色通道）、Green（绿色通道）、Blue（蓝色通道）和 Alpha（透明通道）分别进行调控。

直方图：可以通过该图了解像素在图像中的分布情况。水平方向表示亮度值，垂直方向表示亮度值的像素值。像素值不会比"输入黑色"值低，也不会比"输入白色"值高。

输入黑色：用于限定输入图像黑色值的阈值。

输入白色：用于限定输入图像白色值的阈值。

灰度系数：用于设置确定输出图像明亮度值分布的功率曲线的指数。

输出黑色：用于限定输出图像黑色值的阈值，黑色输出在直方图下方灰阶条中。

输出白色：用于限定输出图像白色值的阈值，白色输出在直方图下方灰阶条中。

剪切以输出黑色和剪切以输出白色：用于确定亮度值小于"输入黑色"值或大于"输入白色"值的像素的结果。

色阶效果演示如图 8-125、图 8-126 和图 8-127 所示。

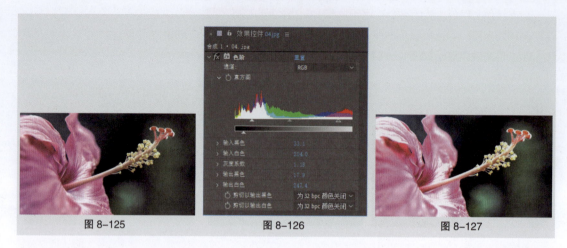

图 8-125　　　　　　　　　图 8-126　　　　　　　　　图 8-127

8.4　生成

　　生成效果组包含很多效果，这些效果可以创造一些原画面中没有的效果，在制作动画的过程中有着广泛的应用。

8.4.1　课堂案例——动感模糊文字

　　【案例学习目标】学习使用镜头光晕效果。

　　【案例知识要点】使用"卡片擦除"命令制作动感文字，使用"定向模糊"命令、"色阶"命令、"Shine"命令制作文字发光效果并改变发光颜色，使用"镜头光晕"命令添加镜头光晕效果。动感模糊文字效果如图 8-128 所示。

　　【效果所在位置】云盘 \Ch08\ 动感模糊文字 \ 动感模糊文字 .aep。

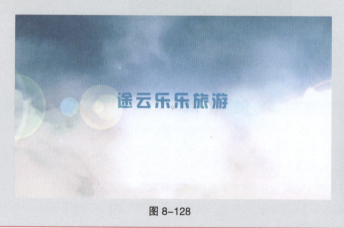

图 8-128

1. 输入文字

（1）按"Ctrl+N"组合键，弹出"合成设置"对话框，在"合成名称"文本框中输入"最终效果"，其他选项的设置如图 8-129 所示，单击"确定"按钮，创建一个新的合成"最终效果"。

（2）选择"文件 > 导入 > 文件"命令，在弹出的"导入文件"对话框中，选择云盘中的"Ch08 \
动感模糊文字 \（Footage）\ 01.mp4"文件，单击"导入"按钮，视频被导入"项目"面板中，如
图 8-130 所示。将视频拖曳到"时间轴"面板中。

图 8-129　　　　　　　　　　　　　　　　　图 8-130

（3）选择"横排文字工具" **T**，在"合成"面板输入文字"途云乐乐旅游"。选中文字，在"字符"
面板中，设置"填充颜色"为蓝色（其 R、G、B 值分别为 3、161、213），其他参数设置如图 8-131
所示。按"P"键，展开"位置"属性，设置"位置"为"639.0,355.6"。"合成"面板中的效果如
图 8-132 所示。

图 8-131　　　　　　　　　　　　　　　　　图 8-132

2. 添加文字效果

（1）选中文字图层，选择"效果 > 过渡 > 卡片擦除"命令，在"效果控件"面板中设置参数，
如图 8-133 所示。"合成"面板中的效果如图 8-134 所示。

（2）将时间标签放置在 0:00:00:00 的位置。在"效果控件"面板中，单击"过渡完成"属性
左侧的"关键帧自动记录器"按钮 ，如图 8-135 所示，记录第 1 个关键帧。

（3）将时间标签放置在 0:00:02:00 的位置，在"效果控件"面板中，设置"过渡完成"为
"100%"，如图 8-136 所示，记录第 2 个关键帧。"合成"面板中的效果如图 8-137 所示。

图 8-133　　　　　　　　图 8-134　　　　　　　　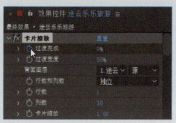
图 8-135

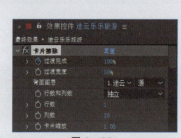
图 8-136　　　　　　　　
图 8-137

（4）将时间标签放置在 0:00:00:00 的位置，在"效果控件"面板中，展开"摄像机位置"属性，设置"Y 轴旋转"为"100x+0.0°"，"Z 位置"为"1.00"。分别单击"摄像机位置"下的"Y 轴旋转"和"Z 位置""位置抖动"下的"X 抖动量"和"Z 抖动量"属性左侧的"关键帧自动记录器"按钮，如图 8-138 所示。

（5）将时间标签放置在 0:00:02:00 的位置，设置"Y 轴旋转"为"0x+0.0°"，"Z 位置"为"2.00"，"X 抖动量"为"0.00"，"Z 抖动量"为"0.00"，如图 8-139 所示。"合成"面板中的效果如图 8-140 所示。

图 8-138　　　　　
图 8-139　　　　　　　　
图 8-140

3. 添加文字动感效果

（1）选中文字图层，按"Ctrl+D"组合键复制图层，如图 8-141 所示。在"时间轴"面板中，设置复制得到的图层的混合模式为"相加"，如图 8-142 所示。

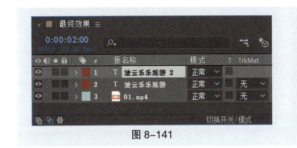

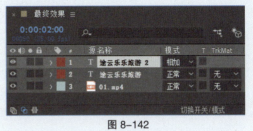

图 8-141   图 8-142

（2）选中"途云乐乐旅游 2"图层，选择"效果 > 模糊和锐化 > 定向模糊"命令，在"效果控件"面板中设置参数，如图 8-143 所示。"合成"面板中的效果如图 8-144 所示。

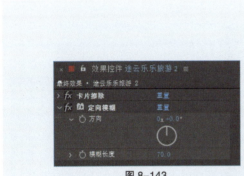

图 8-143

图 8-144

（3）将时间标签放置在 0:00:00:00 的位置，在"效果控件"面板中，单击"模糊长度"属性左侧的"关键帧自动记录器"按钮⏱，记录第 1 个关键帧。将时间标签放置在 0:00:01:00 的位置，在"效果控件"面板中，设置"模糊长度"为"100.0"，如图 8-145 所示，记录第 2 个关键帧。"合成"面板中的效果如图 8-146 所示。

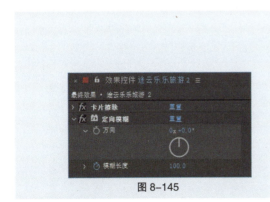

图 8-145

图 8-146

（4）将时间标签放置在 0:00:02:00 的位置，按"U"键，展开"途云乐乐旅游 2"图层中的所有关键帧，单击"模糊长度"属性左侧的"在当前时间添加或移除关键帧"按钮◆，记录第 3 个关键帧，如图 8-147 所示。

（5）将时间标签放置在 0:00:02:05 的位置，在"时间轴"面板中，设置"模糊长度"为"150.0"，如图 8-148 所示，记录第 4 个关键帧。

图 8-147   图 8-148

（6）选择"效果 > 颜色校正 > 色阶"命令，在"效果控件"面板中设置参数，如图 8-149 所示。选择"效果 > Trapcode > Shine"命令，在"效果控件"面板中设置参数，如图 8-150 所示。"合成"面板中的效果如图 8-151 所示。

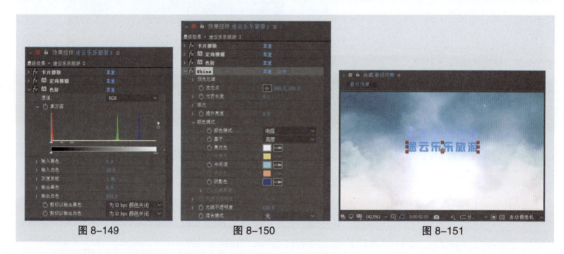

图 8-149   图 8-150   图 8-151

（7）在当前合成中建立一个新的黑色纯色图层"遮罩"。按"P"键，展开"位置"属性，将时间标签放置在 0:00:02:00 的位置，设置"位置"为"640.0,360.0"，单击"位置"属性左侧的"关键帧自动记录器"按钮🕐，如图 8-152 所示，记录第 1 个关键帧。将时间标签放置在 0:00:03:00 的位置，设置"位置"为"1560.0,360.0"，如图 8-153 所示，记录第 2 个关键帧。

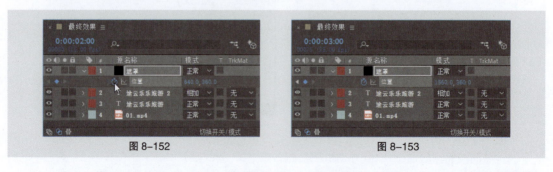

图 8-152   图 8-153

（8）选中"途云乐乐旅游 2"图层，将该图层的"T 轨道蒙版"设置为"Alpha 遮罩'遮罩'"，如图 8-154 所示。"合成"面板中的效果如图 8-155 所示。

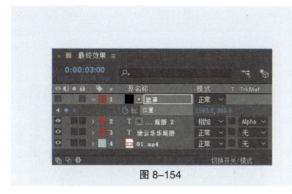

图 8-154

图 8-155

4. 添加镜头光晕

（1）将时间标签放置在 0:00:02:00 的位置，在当前合成中建立一个新的黑色纯色图层"光晕"，如图 8-156 所示。在"时间轴"面板中，设置"光晕"图层的混合模式为"相加"，如图 8-157 所示。

图 8-156

图 8-157

（2）选中"光晕"图层，选择"效果 > 生成 > 镜头光晕"命令，在"效果控件"面板中设置参数，如图 8-158 所示。"合成"面板中的效果如图 8-159 所示。

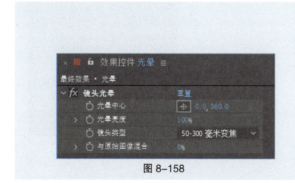

图 8-158

图 8-159

（3）在"效果控件"面板中，单击"光晕中心"属性左侧的"关键帧自动记录器"按钮，如图 8-160 所示，记录第 1 个关键帧。将时间标签放置在 0:00:03:00 的位置，在"效果控件"面板中，设置"光晕中心"为"1280.0,360.0"，如图 8-161 所示，记录第 2 个关键帧。

图 8-160

图 8-161

（4）选中"光晕"图层，将时间标签放置在 0:00:02:00 的位置，按"Alt+["组合键设置入点，如图 8-162 所示。将时间标签放置在 0:00:03:00 的位置，按"Alt+]"组合键设置出点，如图 8-163 所示。动感模糊文字制作完成。

图 8-162

图 8-163

8.4.2 高级闪电

高级闪电效果可以用来模拟真实的闪电效果，并自动设置动画，其参数设置如图 8-164 所示。

闪电类型：设置闪电的种类。

源点：闪电的起始位置。

方向：闪电的结束位置。

传导率状态：设置闪电的主干变化。

核心半径：设置闪电主干的宽度。

核心不透明度：设置闪电主干的不透明度。

核心颜色：设置闪电主干的颜色。

发光半径：设置闪电光晕的大小。

发光不透明度：设置闪电光晕的不透明度。

发光颜色：设置闪电光晕的颜色。

Alpha 障碍：设置闪电障碍的大小。

湍流：设置闪电的流动变化。

分叉：设置闪电的分叉数量。

衰减：设置闪电的衰减量。

主核心衰减：设置闪电的主核心衰减量。

图 8-164

在原始图像上合成：勾选该复选框后，可以直接针对图片设置闪电。

复杂度：设置闪电的复杂程度。

最小分叉距离：分叉之间的距离，值越大，分叉越少。

终止阈值：为较小的值时闪电更容易终止。

仅主核心碰撞：勾选该复选框后，只有主核心会受到 Alpha 障碍的影响，从主核心衍生出的分叉不会受到影响。

分形类型：设置闪电主干的线条样式。

核心消耗：设置闪电主干的渐隐结束。

分叉强度：设置闪电分叉的强度。

分叉变化：设置闪电分叉的变化。

高级闪电效果演示如图 8-165、图 8-166 和图 8-167 所示。

图 8-165　　　　　　　　图 8-166　　　　　　　　图 8-167

8.4.3　镜头光晕

镜头光晕效果可以模拟镜头拍摄发光的物体时，经过多片镜头产生的很多光环效果，这是后期制作中经常用于提升画面效果的手法。该效果的参数设置如图 8-168 所示。

图 8-168

光晕中心：设置发光点的中心位置。

光晕亮度：设置光晕的亮度。

镜头类型：选择镜头的类型，有 50-300 毫米变焦、35 毫米定焦和 105 毫米定焦。

与原始图像混合：和原素材图像的混合程度。

镜头光晕效果演示如图 8-169、图 8-170 和图 8-171 所示。

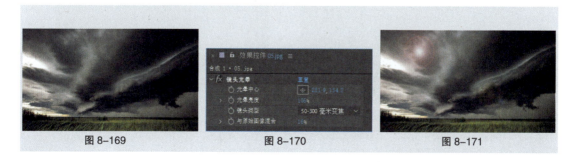

图 8-169　　　　　　　　图 8-170　　　　　　　　图 8-171

8.4.4　课堂案例——透视光芒

【案例学习目标】学习编辑单元格效果。

【案例知识要点】使用"单元格图案"命令、"亮度和对比度"命令、"快速方框模糊"命令、"发光"命令制作光芒形状，使用"3D 图层"按钮编辑透视效果。透视光芒效果如图 8-172 所示。

【效果所在位置】云盘 \Ch08\ 透视光芒 \ 透视光芒 . aep。

扫码观看
本案例视频

图 8-172

1. 调整视频的色调

（1）按"Ctrl+N"组合键，弹出"合成设置"对话框，在"合成名称"文本框中输入"最终效果"，其他选项的设置如图 8-173 所示，单击"确定"按钮，创建一个新的合成"最终效果"。

（2）选择"文件 > 导入 > 文件"命令，在弹出的"导入文件"对话框中，选择云盘中的"Ch08\ 透视光芒 \(Footage)\01.avi"文件，单击"导入"按钮，导入视频。在"项目"面板中选中"01.avi"文件并将其拖曳到"时间轴"面板中，如图 8-174 所示。

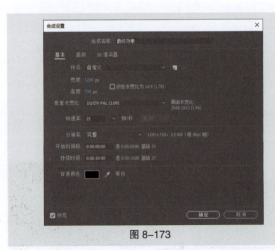

图 8-173

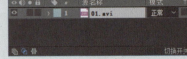

图 8-174

（3）选中"01.avi"图层，按"S"键，展开"缩放"属性，设置"缩放"为"75.0,75.0%"，如图 8-175 所示。"合成"面板中的效果如图 8-176 所示。

After Effects 核心应用案例教程（After Effects 2020）（全彩慕课版）

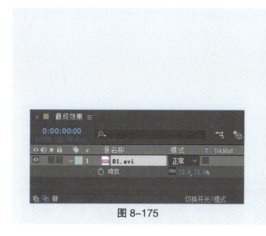

图 8-175   图 8-176

（4）选择"效果 > 颜色校正 > 色阶"命令，在"效果控件"面板中进行参数设置，如图 8-177 所示。"合成"面板中的效果如图 8-178 所示。

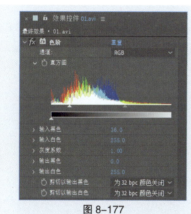

图 8-177   图 8-178

（5）选择"效果 > 颜色校正 > 自然饱和度"命令，在"效果控件"面板中进行参数设置，如图 8-179 所示。"合成"面板中的效果如图 8-180 所示。

图 8-179   图 8-180

2. 编辑单元格形状

（1）选择"图层 > 新建 > 纯色"命令，弹出"纯色设置"对话框，在"名称"文本框中输入

"光芒"，将"颜色"设置为黑色，单击"确定"按钮，"时间轴"面板中新增一个黑色纯色图层，如图 8-181 所示。

（2）选中"光芒"图层，选择"效果 > 生成 > 单元格图案"命令，在"效果控件"面板中进行参数设置，如图 8-182 所示。"合成"面板中的效果如图 8-183 所示。

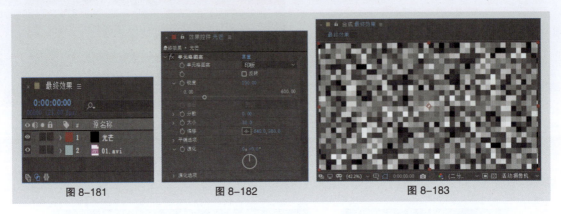

图 8-181　　　　　　图 8-182　　　　　　　　　图 8-183

（3）在"效果控件"面板中，单击"演化"属性左侧的"关键帧自动记录器"按钮 ○，如图 8-184 所示，记录第 1 个关键帧。将时间标签放置在 0:00:09:24 的位置，在"效果控件"面板中，设置"演化"为"7x+0.0°"，如图 8-185 所示，记录第 2 个关键帧。

图 8-184　　　　　　　　　　　　　　图 8-185

（4）选择"效果 > 颜色校正 > 亮度和对比度"命令，在"效果控件"面板中进行参数设置，如图 8-186 所示。"合成"面板中的效果如图 8-187 所示。

图 8-186　　　　　　　　　　　　图 8-187

（5）选择"效果 > 模糊和锐化 > 快速方框模糊"命令，在"效果控件"面板中进行参数设置，如图 8-188 所示。"合成"面板中的效果如图 8-189 所示。

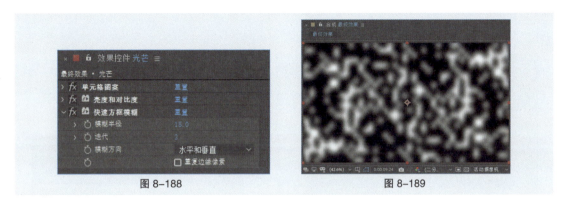

图 8-188　　　　　　　　　　　图 8-189

（6）选择"效果 > 风格化 > 发光"命令，在"效果控件"面板中，设置"颜色 A"为黄色（其 R、G、B 值分别为 255、228、0），"颜色 B"为红色（其 R、G、B 值分别为 255、0、0），其他参数设置如图 8-190 所示。"合成"面板中的效果如图 8-191 所示。

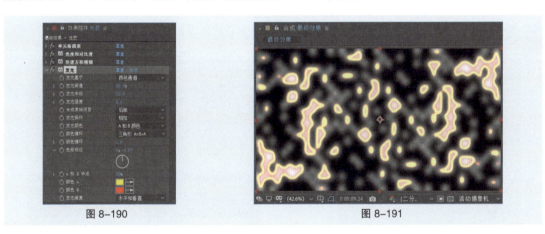

图 8-190　　　　　　　　　　　图 8-191

3. 添加透视效果

（1）选择"矩形工具" 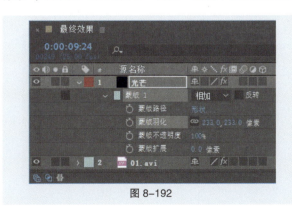，在"合成"面板中拖曳鼠标绘制一个矩形蒙版，选中"光芒"图层，按两次"M"键，展开蒙版属性，设置"蒙版不透明度"为"100%"，"蒙版羽化"为"233.0,233.0 像素"，如图 8-192 所示。"合成"面板中的效果如图 8-193 所示。

图 8-192　　　　　　　　　　　图 8-193

（2）选择"图层 > 新建 > 摄像机"命令，弹出"摄像机设置"对话框，在"名称"文本框中输入"摄像机 1"，其他选项的设置如图 8-194 所示，单击"确定"按钮，"时间轴"面板中新增一个摄像机图层，如图 8-195 所示。

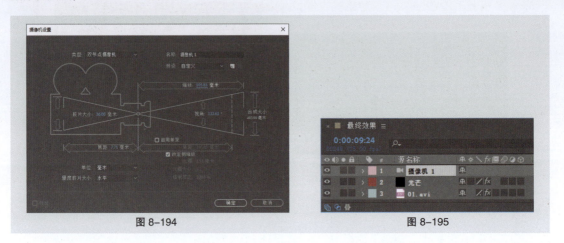

图 8-194　　　　　　　　　　　　　　　　图 8-195

（3）选中"光芒"图层，单击"光芒"图层右侧的"3D 图层"按钮，打开三维属性，设置"变换"属性，如图 8-196 所示。"合成"面板中的效果如图 8-197 所示。

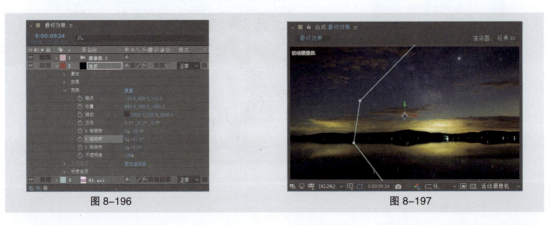

图 8-196　　　　　　　　　　　　　　　　图 8-197

（4）将时间标签放置在 0:00:00:00 的位置，单击"锚点"属性左侧的"关键帧自动记录器"按钮，如图 8-198 所示，记录第 1 个关键帧。将时间标签放到 0:00:09:24 的位置。设置"锚点"为"884.8，400，-12.5"，记录第 2 个关键帧，如图 8-199 所示。

图 8-198　　　　　　　　　　　　　　　　图 8-199

（5）在"时间轴"面板中，设置"光芒"图层的混合模式为"线性减淡"，如图 8-200 所示。"合成"面板中的效果如图 8-201 所示。

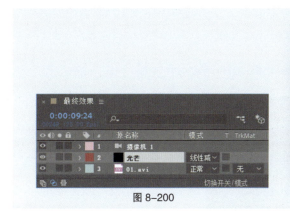

图 8-200

图 8-201

（6）将时间标签放置在 0:00:00:00 的位置，选中"摄像机 1"图层，展开"变换"属性，参数设置如图 8-202 所示。"合成"面板中的效果如图 8-203 所示。透视光芒制作完成。

图 8-202

图 8-203

8.4.5　单元格图案

单元格图案效果可以创建多种类型的类似细胞图案的单元图案拼合效果。该效果的参数设置如图 8-204 所示。

单元格图案：选择图案的类型，包括"气泡""晶体""印板""静态板""晶格化""枕状""晶体 HQ""印板 HQ""静态板 HQ""晶格化 HQ""混合晶体""管状"。

反转：勾选该复选框可以反转图案效果。

对比度：设置单元格的颜色对比度。

溢出：包括"剪切""柔和夹住""背面包围"。

分散：设置图案的分散程度。

大小：设置单个图案的大小。

偏移：设置图案偏离中心点的量。

平铺选项：勾选"启用平铺"复选框可以设置水平单元格和

图 8-204

垂直单元格的数值。

演化：为这个参数设置关键帧，可以记录运动变化的动画效果。

演化选项：设置图案的各种扩展变化。

循环（旋转次数）：设置图案的循环。

随机植入：设置图案的随机速度。

单元格图案效果演示如图 8-205、图 8-206 和图 8-207 所示。

| 图 8-205 | 图 8-206 | 图 8-207 |

8.4.6 棋盘

棋盘效果可以在图像上创建棋盘格的图案效果，其参数设置如图 8-208 所示。

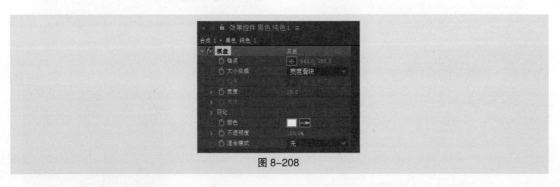

图 8-208

锚点：设置棋盘格的位置。

大小依据：选择棋盘的尺寸类型，包括"角点""宽度滑块""宽度和高度滑块"。

边角：只有设置"大小依据"为"角点"，才能激活此选项，激活后可设置每个矩形的尺寸。

宽度：只有设置"大小依据"为"宽度滑块"或"宽度和高度滑块"，才能激活此选项，激活后可设置矩形块为正方形。

高度：只有设置"大小依据"为"宽度滑块"或"宽度和高度滑块"，才能激活此选项，激活后可设置矩形块为长方形。

羽化：设置棋盘格水平或垂直边缘的羽化程度。

颜色：设置棋盘格的颜色。

不透明度：设置棋盘的不透明度。

混合模式：设置棋盘与原图的混合方式。

棋盘效果演示如图 8-209、图 8-210 和图 8-211 所示。

图 8-209　　　　　　　　图 8-210　　　　　　　　图 8-211

8.5　扭曲

扭曲效果组中的效果主要用来对图像进行扭曲变形，是很重要的一类画面特效。这些效果可以对画面的形状进行校正，还可以使平常的画面变形，从而产生特殊的效果。

8.5.1　课堂案例——放射光芒

【案例学习目标】学习使用扭曲效果组制作四射的光芒效果。

【案例知识要点】使用"分形杂色"命令、"定向模糊"命令、"色相 / 饱和度"命令、"发光"命令、"极坐标"命令制作光芒效果。放射光芒效果如图 8-212 所示。

【效果所在位置】云盘 \Ch08\ 放射光芒 \ 放射光芒 .aep。

扫码观看
本案例视频

图 8-212

（1）按"Ctrl+N"组合键，弹出"合成设置"对话框，在"合成名称"文本框中输入"最终效果"，其他选项的设置如图 8-213 所示，单击"确定"按钮，创建一个新的合成"最终效果"。

（2）选择"文件 > 导入 > 文件"命令，在弹出的"导入文件"对话框中，选择云盘中的"Ch08\ 放射光芒 \(Footage)\01.avi"文件，单击"导入"按钮，导入素材到"项目"面板中，如图 8-214 所示。

图 8-213

图 8-214

（3）在"项目"面板中，选中"01.avi"文件，将其拖曳到"时间轴"面板中，按"S"键，展开"缩放"属性，设置"缩放"为"75.0,75.0%"，如图 8-215 所示。"合成"面板中的效果如图 8-216 所示。

图 8-215

图 8-216

（4）选择"效果 > 颜色校正 > 色相 / 饱和度"命令，在"效果控件"面板中进行参数设置，如图 8-217 所示。"合成"面板中的效果如图 8-218 所示。

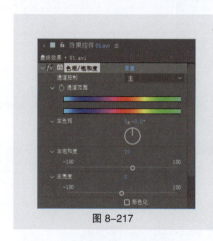

图 8-217

图 8-218

（5）选择"效果 > 颜色校正 > 色阶"命令，在"效果控件"面板中进行参数设置，如图 8-219 所示。"合成"面板中的效果如图 8-220 所示。

图 8-219

图 8-220

（6）选择"图层 > 新建 > 纯色"命令，弹出"纯色设置"对话框，在"名称"文本框中输入"放射光芒"，将"颜色"设置为黑色，单击"确定"按钮，"时间轴"面板中新增一个黑色纯色图层。

（7）选中"放射光芒"图层，选择"效果 > 杂波和颗粒 > 分形杂色"命令，在"效果控件"面板中进行参数设置，如图 8-221 所示。"合成"面板中的效果如图 8-222 所示。

图 8-221

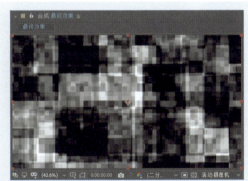

图 8-222

（8）将时间标签放置在 0:00:00:00 的位置，在"效果控件"面板中，单击"演化"属性左侧的"关键帧自动记录器"按钮 ⏱，如图 8-223 所示，记录第 1 个关键帧。将时间标签放置在 0:00:04:24 的位置，在"效果控件"面板中，设置"演化"为"10x+0.0°"，如图 8-224 所示，记录第 2 个关键帧。

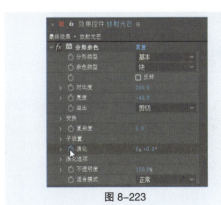

图 8-223

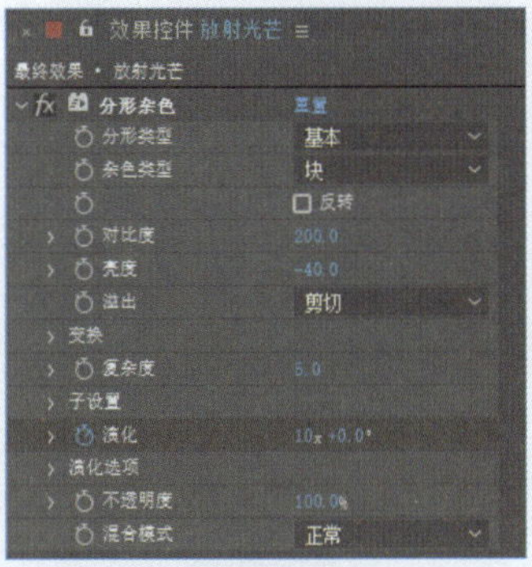

图 8-224

（9）将时间标签放置在 0:00:00:00 的位置，选中"放射光芒"图层，选择"效果 > 模糊和锐化 > 定向模糊"命令，在"效果控件"面板中进行参数设置，如图 8-225 所示。"合成"面板中的效果如图 8-226 所示。

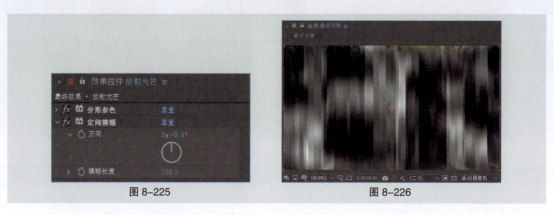

图 8-225　　　　　　　　　　　　　　图 8-226

（10）选择"效果 > 颜色校正 > 色相 / 饱和度"命令，在"效果控件"面板中进行参数设置，如图 8-227 所示。"合成"面板中的效果如图 8-228 所示。

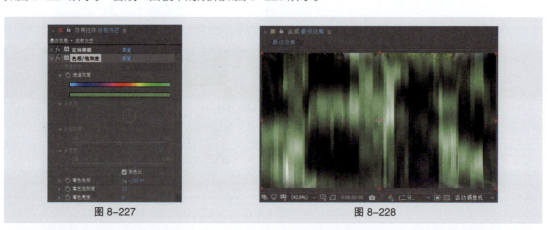

图 8-227　　　　　　　　　　　　　　图 8-228

（11）选择"效果 > 风格化 > 发光"命令，在"效果控件"面板中，设置"颜色 A"为浅绿色（其 R、G、B 值分别为 194、255、201），设置"颜色 B"为绿色（其 R、G、B 值分别为 0、255、24），其他参数的设置如图 8-229 所示。"合成"面板中的效果如图 8-230 所示。

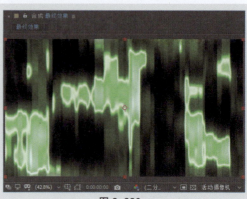

图 8-229　　　　　　　　　　　　　　图 8-230

（12）选择"效果 > 扭曲 > 极坐标"命令，在"效果控件"面板中进行参数设置，如图 8-231 所示。"合成"面板中的效果如图 8-232 所示。

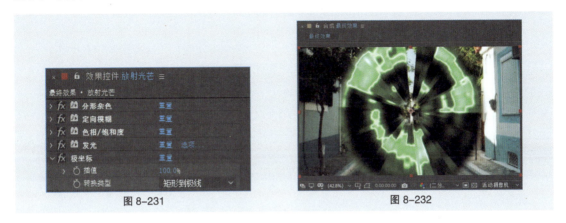

图 8-231   图 8-232

（13）在"时间轴"面板中，设置"放射光芒"图层的混合模式为"相加"，如图 8-233 所示。放射光芒制作完成，如图 8-234 所示。

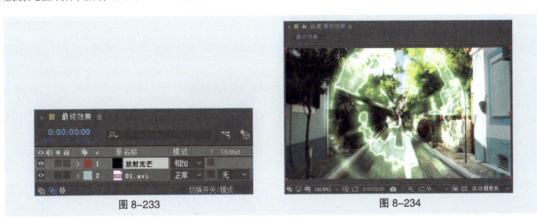

图 8-233   图 8-234

8.5.2 凸出

凸出效果可以模拟图像透过气泡或放大镜时所产生的放大效果，如图 8-235 所示。

图 8-235

水平半径：用于设置膨胀效果的水平半径。

垂直平径：用于设置膨胀效果的垂直半径。

凸出中心：用于设置膨胀效果的中心定位点。

凸出高度：用于设置膨胀程度。正值为膨胀，负值为收缩。

锥形半径：用于设置膨胀边界的锐利程度。

消除锯齿（仅最佳品质）：反锯齿设置，只用于最高质量。

固定所有边缘：勾选该复选框可以固定住所有边界。

凸出效果演示如图 8-236、图 8-237 和图 8-238 所示。

图 8-236   图 8-237   图 8-238

8.5.3 边角定位

边角定位效果通过改变 4 个角的位置使图像变形，可根据需要来定位角点。该效果可以拉伸、压缩、倾斜和扭曲图形，也可以模拟透视效果，还可以和运动遮罩图层结合，形成画中画的效果。边角定位效果的参数设置如图 8-239 所示。

图 8-239

左上：左上定位点。

右上：右上定位点。

左下：左下定位点。

右下：右下定位点。

边角定位效果演示如图 8-240 所示。

图 8-240

8.5.4 网格变形

网格变形效果使用网格化的曲线切片控制图像的变形区域。对于网格变形效果的控制，确定好网格数量之后，更多是通过在合成图像中拖曳网格的节点来完成。网格变形效果的参数设置如

图 8-241 所示。

图 8-241

行数：用于设置行数。

列数：用于设置列数。

品质：用于设置图像遵循曲线定义的形状近似程度。

扭曲网格：用于制作扭曲动画。

网格变形效果演示如图 8-242、图 8-243 和图 8-244 所示。

图 8-242　　　　　　　图 8-243　　　　　　　图 8-244

8.5.5　极坐标

极坐标效果用来将图像的直角坐标转化为极坐标，以产生扭曲效果，其参数设置如图 8-245 所示。

图 8-245

插值：设置扭曲程度。

转换类型：设置转换类型。"极线到矩形"表示将极坐标转化为直角坐标，"矩形到极线"表示将直角坐标转化为极坐标。

极坐标效果演示如图 8-246、图 8-247 和图 8-248 所示。

图 8-246　　　　　　　图 8-247　　　　　　　图 8-248

8.5.6　置换图

置换图效果是用另一张作为映射图层的图像的像素来置换原图像像素，通过映射的像素颜色值对本图层进行变形，变形分水平和垂直两个方向，其参数设置如图 8-249 所示。

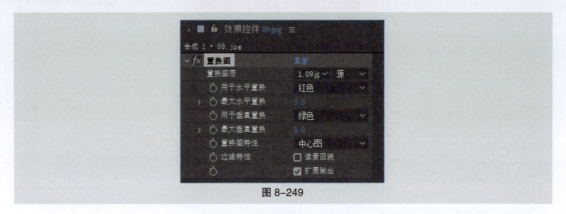

图 8-249

置换图层：选择作为映射图层的图像。

用于水平置换 \ 用于垂直置换：调节水平或垂直方向的通道，默认值范围为 -100 ~ 100，最大范围为 -32000 ~ 32000。

最大水平置换 \ 最大垂直置换：调节映射图层的水平或垂直位置。在水平方向上，负值表示向左移动，正值表示向右移动；在垂直方向上，负值表示向下移动，正值表示向上移动，默认值范围为 -100 ~ 100，最大范围为 -32000 ~ 32000。

置换图特性：选择映射方式。

边缘特性：设置边缘行为。

像素回绕：锁定边缘像素。

扩展输出：可使此效果的结果扩展到向其应用此效果的图层的原始边界之外。

置换图效果演示如图 8-250、图 8-251 和图 8-252 所示。

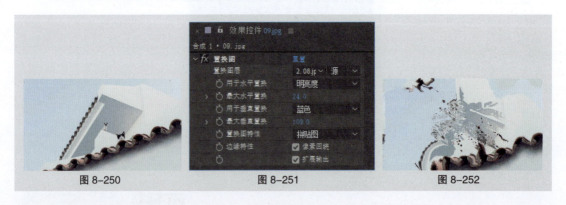

图 8-250　　　　　　　　　　图 8-251　　　　　　　　　　图 8-252

8.6 ｜ 杂波和颗粒

杂波和颗粒效果组中的效果可以为素材设置噪波或颗粒效果，使用这些效果可分散素材或使素材的形状产生变化。

After Effects 核心应用案例教程（After Effects 2020）（全彩慕课版）

8.6.1 课堂案例——降噪

【**案例学习目标**】学习使用噪波和颗粒滤镜降噪。

【**案例知识要点**】使用"移除颗粒"命令、"色阶"命令修饰照片，使用"曲线"命令调整图片曲线。降噪效果如图 8-253 所示。

【**效果所在位置**】云盘 \Ch08\ 降噪 \ 降噪 .aep。

扫码观看
本案例视频

图 8-253

（1）按"Ctrl+N"组合键，弹出"合成设置"对话框，在"合成名称"文本框中输入"最终效果"，其他选项的设置如图 8-254 所示，单击"确定"按钮，创建一个新的合成"最终效果"。

（2）选择"文件 > 导入 > 文件"命令，在弹出的"导入文件"对话框中，选择云盘中的"Ch08\ 降噪 \（Footage）\01.jpg"文件，单击"导入"按钮，将素材导入"项目"面板中，将素材拖曳到"时间轴"面板中，如图 8-255 所示。

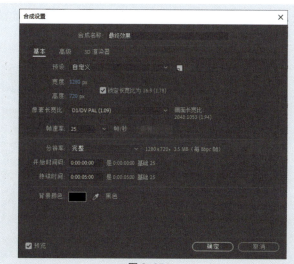

图 8-254

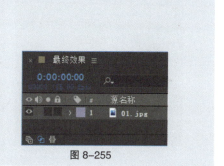

图 8-255

（3）选中"01.jpg"图层，选择"效果 > 杂波和颗粒 > 移除颗粒"命令，在"效果控件"面板中设置参数，如图 8-256 所示。"合成"面板中的效果如图 8-257 所示。

图 8-256 　　　　　　　　　　　　图 8-257

（4）再次添加"移除颗粒"效果，在"效果控件"面板中设置参数，如图 8-258 所示。"合成"面板中的效果如图 8-259 所示。

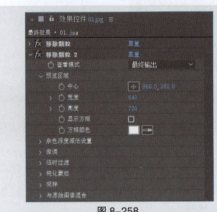

图 8-258 　　　　　　　　　　　　图 8-259

（5）选择"效果 > 颜色校正 > 色阶"命令，在"效果控件"面板中设置参数，如图 8-260 所示。"合成"面板中的效果如图 8-261 所示。

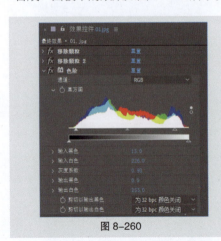

图 8-260 　　　　　　　　　　　　图 8-261

（6）选择"效果 > 颜色校正 > 曲线"命令，在"效果控件"面板中调整曲线，如图 8-262 所示。降噪完成，如图 8-263 所示。

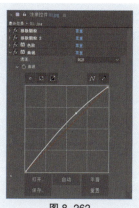

图 8-262

图 8-263

8.6.2　分形杂色

分形杂色效果可以模拟烟、云、水流等纹理图案，其参数设
置如图 8-264 所示。

分形类型：选择分形类型。

杂色类型：选择杂色类型。

反转：反转图像的颜色，将黑色和白色反转。

对比度：调节生成杂色图案的对比度。

亮度：调节生成杂色图案的亮度。

溢出：选择杂色图案的比例、旋转和偏移等。

复杂度：设置杂色图案的复杂程度。

子设置：杂色的子分形变化的相关设置（如子分形影响力、
子分形缩放等）。

图 8-264

演化：控制杂色的分形变化相位。

演化选项：控制分形变化的一些设置（循环、随机种子等）。

不透明度：设置生成的杂色图案的不透明度。

混合模式：设置生成的杂色图案与原素材图像的叠加模式。

分形杂色效果演示如图 8-265、图 8-266 和图 8-267 所示。

图 8-265

图 8-266

图 8-267

8.6.3　中间值（旧版）

中间值（旧版）效果使用指定半径范围内的像素的平均值来取代像素值。指定较小的值时，该效果可以用来减少画面中的杂点；指定较大的值时，会产生一种绘画效果。中间值（旧版）效果的参数设置如图 8-268 所示。

图 8-268

半径：指定像素半径。

在 Alpha 通道上运算：应用于 Alpha 通道。

中间值效果演示如图 8-269、图 8-270 和图 8-271 所示。

图 8-269　　　　　　　　　　图 8-270　　　　　　　　　　图 8-271

8.6.4　移除颗粒

移除颗粒效果可以移除杂点或颗粒，其参数设置如图 8-272 所示。

图 8-272

查看模式：设置查看的模式，可以"预览""杂波取样""混合蒙版""最终输出"。

预览区域：设置预览区域的大小、位置等。

杂色深度减低设置：对杂点或噪波进行设置。

微调：对材质、尺寸、色泽等进行精细地设置。

临时过滤：是否开启临时过滤。

钝化蒙版：设置反锐化遮罩。

采样：设置各种采样情况、采样点等参数。

与原始图像混合：混合原始图像。

移除颗粒效果演示如图 8-273、图 8-274 和图 8-275 所示。

图 8-273　　　　　　　　图 8-274　　　　　　　　图 8-275

8.7　模拟

模拟效果组包括卡片动画、焦散、泡沫、碎片和粒子运动场效果，这些效果可以用来制作多种逼真的效果，不过它们的参数较多，设置也比较复杂。

8.7.1　课堂案例——气泡效果

【**案例学习目标**】学习使用粒子空间滤镜制作气泡。

【**案例知识要点**】使用"泡沫"命令制作气泡。气泡效果如图 8-276 所示。

【**效果所在位置**】云盘 \Ch08\ 气泡效果 \ 气泡效果 .aep。

扫 码 观 看
本案例视频

图 8-276

（1）按"Ctrl+N"组合键，弹出"合成设置"对话框，在"合成名称"文本框中输入"最终效果"，其他选项的设置如图 8-277 所示，单击"确定"按钮，创建一个新的合成"最终效果"。

（2）选择"文件 > 导入 > 文件"命令，在弹出的"导入文件"对话框中，选择云盘中的"Ch08 \ 气泡效果 \（Footage）\ 01.jpg"文件，单击"导入"按钮，将背景图片导入"项目"面板中，将背景图片拖曳到"时间轴"面板中。选中"01.jpg"图层，按"Ctrl+D"组合键复制图层，如图 8-278 所示。

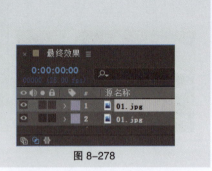

图 8-277

图 8-278

（3）选中"图层1"图层，选择"效果 > 模拟 > 泡沫"命令，在"效果控件"面板中设置参数，如图8-279所示。

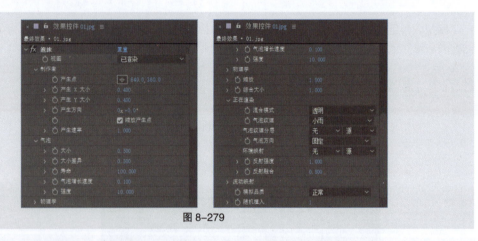

图 8-279

（4）将时间标签放置在0:00:00:00的位置，在"效果控件"面板中，单击"强度"属性左侧的"关键帧自动记录器"按钮，如图8-280所示，记录第1个关键帧。将时间标签放置在0:00:04:24的位置，在"效果控件"面板中，设置"强度"为"0.000"，如图8-281所示，记录第2个关键帧。

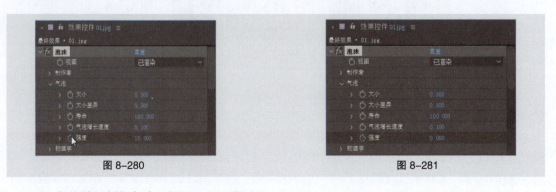

图 8-280

图 8-281

（5）气泡效果制作完成，如图8-282所示。

After Effects 核心应用案例教程（After Effects 2020）（全彩慕课版）

图 8-282

8.7.2　泡沫

泡沫效果的参数设置如图 8-283 所示。

视图：在该下拉列表中，可以选择气泡效果的显示方式。"草稿"方式以草图模式渲染气泡效果，虽然不能在该方式下看到气泡的最终效果，但是可以预览气泡的运动方式和设置状态，该方式的计算速度非常快。为特效指定影响通道后，使用"草稿 + 流动映射"方式可以看到指定的影响对象。在"已渲染"方式下可以预览气泡的最终效果，但是计算速度相对较慢。

制作者：用于设置粒子发射器的相关参数，如图 8-284 所示。

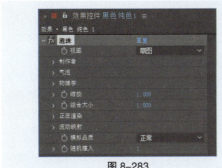

图 8-283

图 8-284

⊙　产生点：用于控制发射器的位置。所有的粒子都由发射器产生，就好像泡泡枪喷出气泡一样。

⊙　产生 X/Y 大小：分别控制发射器的大小。在"草稿"或者"草稿 + 流动映射"方式下预览效果时，可以观察发射器。

⊙　产生方向：用于旋转发射器，使粒子产生旋转效果。

⊙　缩放产生点：可缩放发射器的位置。如不勾选此复选框，则系统默认以发射效果点为中心缩放发射器的位置。

⊙　产生速率：用于控制发射速度。一般情况下，数值越大，发射速度越快，单位时间内产生的粒子也越多。当数值为 0 时，不发射粒子。系统发射粒子时，在特效的开始位置，粒子数目为 0。

气泡：可对粒子的尺寸、生命值以及强度进行控制，如图 8-285 所示。

⊙　大小：用于控制粒子的尺寸。数值越大，每个粒子越大。

⊙ 大小差异：用于控制粒子的大小差异。数值越大，每个粒子的大小差异越大。数值为 0 时，每个粒子的最终大小相同。

⊙ 寿命：用于控制每个粒子的生命值。每个粒子在产生后，最终都会消失。生命值即粒子从产生到消失的时间。

⊙ 气泡增长速度：用于控制每个粒子生长的速度，即粒子从产生到达到最终大小的时间。

⊙ 强度：用于控制粒子效果的强度。

物理学：该参数影响粒子运动因素，如初始速度、风速、混乱度及活力等，如图 8-286 所示。

图 8-285

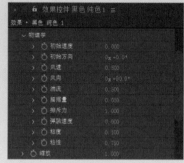
图 8-286

⊙ 初始速度：控制粒子特效的初始速度。

⊙ 初始方向：控制粒子特效的初始方向。

⊙ 风速：控制影响粒子的风速，就好像有一股风吹动粒子一样。

⊙ 风向：控制风的方向。

⊙ 湍流：控制粒子的混乱度。数值越大，粒子运动越混乱，同时向四面八方发散；数值越小，粒子运动越有序和集中。

⊙ 摇摆量：控制粒子的摇摆强度。该值较大时，粒子会产生摇摆变形。

⊙ 排斥力：用于在粒子间产生排斥力。数值越大，粒子间的排斥性越强。

⊙ 弹跳速度：控制粒子的总速率。

⊙ 粘度：控制粒子的黏度。数值越小，粒子堆砌得越紧密。

⊙ 粘性：控制粒子间的黏着程度。

缩放：对粒子效果进行缩放。

综合大小：该参数控制粒子效果的综合尺寸。在"草稿"或者"草稿 + 流动映射"方式下预览效果时，可以观察综合尺寸范围框。

正在渲染：该参数控制粒子的渲染属性，如"混合模式"下的粒子纹理及反射效果等。该参数的设置效果仅在渲染模式下才能看到，其参数设置如图 8-287 所示。

⊙ 混合模式：用于控制粒子间的融合模式。在"透明"方式下，粒子与粒子间进行透明叠加。

⊙ 气泡纹理：可在该下拉列表中选择粒子的材质。

⊙ 气泡纹理分层：用于指定用作粒子图像的图层。

⊙ 气泡方向：在该下拉列表中选择粒子的方向。可以使用默认的坐标，也可以使用物理参数控制方向，还可以根据粒子速率进行控制。

⊙ 环境映射：所有的粒子都可以对周围的环境进行反射，可以在该下拉列表中指定粒子的反射层。

⊙ 反射强度：用于控制反射的强度。

⊙ 反射融合：用于控制反射的融合度。

流动映射：在该参数中指定一个图层来影响粒子效果。在"流动映射"下拉列表中，可以选择对粒子效果产生影响的目标图层。选择目标图层后，在"草稿＋流动映射"方式下，可以看到流动映射，如图 8-288 所示。

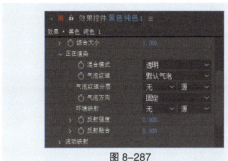

图 8-287

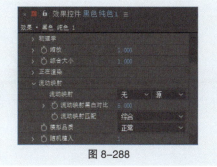

图 8-288

⊙ 流动映射黑白对比：用于控制参考图对粒子的影响。

⊙ 流动映射匹配：在该下拉列表中选择参考图的大小。可以使用合成图像屏幕大小和粒子效果的总体范围大小。

⊙ 模拟品质：在该下拉列表中选择粒子的仿真质量。

气泡效果演示如图 8-289、图 8-290 和图 8-291 所示。

图 8-289　　　　　　　　　图 8-290　　　　　　　　　图 8-291

8.8　风格化

风格化效果组中的效果可以模拟一些实际的绘画效果，或者为画面提供某种风格化效果。

8.8.1 课堂案例——手绘效果

【案例学习目标】学习使用浮雕、查找边缘效果制作手绘效果。

【案例知识要点】使用"查找边缘"命令、"色阶"命令、"色相/饱和度"命令、"画笔描边"命令制作手绘效果，使用"钢笔工具"绘制蒙版。手绘效果如图 8-292 所示。

【效果所在位置】云盘 \Ch08\ 手绘效果 \ 手绘效果 .aep。

图 8-292

（1）按"Ctrl+N"组合键，弹出"合成设置"对话框，在"合成名称"文本框中输入"最终效果"，其他选项的设置如图 8-293 所示，单击"确定"按钮，创建一个新的合成"最终效果"。

（2）选择"文件 > 导入 > 文件"命令，在弹出的"导入文件"对话框中，选择云盘中的"Ch08\ 手绘效果 \（Footage）\01.jpg"文件，单击"导入"按钮，导入图片。在"项目"面板中选中"01.jpg"文件并将其拖曳到"时间轴"面板中，如图 8-294 所示。

图 8-293

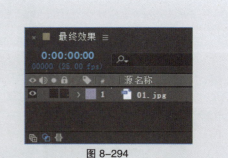

图 8-294

（3）选中"01.jpg"图层，按"Ctrl+D"组合键，复制图层，如图 8-295 所示。选择"图层 1"图层，按"T"键，展开"不透明度"属性，设置"不透明度"为"70%"，如图 8-296 所示。

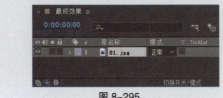

图 8-295

图 8-296

（4）选择"图层2"图层，选择"效果 > 风格化 > 查找边缘"命令，在"效果控件"面板中设置参数，如图 8-297 所示。"合成"面板中的效果如图 8-298 所示。

图 8-297　　　　　　　　　　　　　　　　图 8-298

（5）选择"效果 > 颜色校正 > 色阶"命令，在"效果控件"面板中设置参数，如图 8-299 所示。"合成"面板中的效果如图 8-300 所示。

图 8-299　　　　　　　　　　　　　　　　图 8-300

（6）选择"效果 > 颜色校正 > 色相/饱和度"命令，在"效果控件"面板中设置参数，如图8-301所示。"合成"面板中的效果如图 8-302 所示。

图 8-301　　　　　　　　　　　　　　　　图 8-302

（7）选择"效果 > 风格化 > 画笔描边"命令，在"效果控件"面板中设置参数，如图8-303所示。"合成"面板中的效果如图8-304所示。

图 8-303 　　　　　　　　　　　　　　　图 8-304

（8）在"项目"面板中选择"01.jpg"文件并将其拖曳到"时间轴"面板中的最顶部，如图 8-305 所示。选中"图层 1"图层，选择"钢笔工具" ，在"合成"面板中绘制一个蒙版，如图 8-306 所示。

图 8-305 　　　　　　　　　　　　　　　图 8-306

（9）选中"图层 1"图层，按"F"键，展开"蒙版羽化"属性，设置"蒙版羽化"为"30.0，30.0 像素"，如图 8-307 所示。手绘效果制作完成，如图 8-308 所示。

图 8-307 　　　　　　　　　　　　　　　图 8-308

8.8.2　查找边缘

查找边缘效果通过强化过渡像素来产生彩色线条，其参数设置如图 8-309 所示。

图 8-309

反转：勾选该复选框将反向勾边结果。

与原始图像混合：设置与原始素材图像的混合比例。

查找边缘效果演示如图 8-310、图 8-311 和图 8-312 所示。

图 8-310

图 8-311

图 8-312

8.8.3 发光

发光效果经常用于为图像中的文字和带有 Alpha 通道的图像制作发光或光晕效果，其参数设置如图 8-313 所示。

图 8-313

发光基于：控制发光效果基于哪一种通道。

发光阈值：设置发光的阈值，影响发光的覆盖面。

发光半径：设置发光的半径。

发光强度：设置发光的强度，影响发光的亮度。

合成原始项目：设置与原始素材图像的合成方式。

发光操作：发光的模式，类似图层混合模式的选择。

发光颜色：设置发光的颜色。

颜色循环：设置发光颜色的循环方式。

颜色循环：设置发光颜色循环的数值。

色彩相位：设置发光的颜色相位。

A 和 B 中点：设置发光颜色 A 和 B 的中点百分比。

颜色 A：选择颜色 A。

颜色 B：选择颜色 B。

发光维度：设置发光的方向，是水平的或垂直的，还是两者兼有的。

发光效果演示如图 8-314、图 8-315 和图 8-316 所示。

图 8-314

图 8-315

图 8-316

8.9　课堂练习——保留颜色

【练习知识要点】使用"曲线"命令、"保留颜色"命令、"色相/饱和度"命令调图片局部颜色效果，使用"横排文字工具"输入文字。保留颜色效果如图 8-317 所示。

【效果所在位置】云盘 \Ch08\ 保留颜色 \ 保留颜色 .aep。

扫码观看
本案例视频

图 8-317

8.10　课后习题——随机线条

【习题知识要点】使用"照片滤镜"命令和"自然饱和度"命令调整视频的色调；使用"分形杂色"命令制作随机线条效果。随机线条效果如图 8-318 所示。

【效果所在位置】云盘 \Ch08\ 随机线条 \ 随机线条 .aep。

扫码观看
本案例视频

图 8-318

第9章

09

跟踪运动与表达式

▶ **本章介绍**

　　本章对 After Effects 2020 中的跟踪运动与表达式进行介绍，重点讲解跟踪运动中的单点跟踪和多点跟踪及表达式的创建和编写。通过对本章内容的学习，读者可以制作影片自动生成的动画，实现最终的影片效果。

课堂学习目标

第 9 章

知识目标

● 掌握跟踪运动的创建方法
● 了解表达式的应用方法

技能目标

● 掌握"跟踪老鹰飞行"的制作方法
● 掌握"跟踪对象运动"的制作方法
● 掌握"放大镜效果"的制作方法

素养目标

● 培养在使用表达式时能确保与目标效果一致的思维能力
● 培养具有良好的艺术感知和审美意识的能力
● 培养能够准确观察和分析对象特点的能力

9.1 跟踪运动

　　跟踪运动是对影片中运动的物体进行追踪。应用跟踪运动时，合成文件中应该至少有两个图层：一个为追踪目标图层，另一个是连接到追踪点的图层。当导入影片素材后，在菜单栏中选择"动画 > 跟踪运动"命令进行跟踪运动，如图 9-1 所示。

图 9-1

9.1.1　课堂案例——跟踪老鹰飞行

　　【案例学习目标】学习使用单点跟踪命令。
　　【案例知识要点】使用"跟踪器"命令添加跟踪点，使用"空对象"命令新建空图层。跟踪老鹰飞行效果如图 9-2 所示。
　　【效果所在位置】云盘 \Ch09\ 跟踪老鹰飞行 \ 跟踪老鹰飞行 .aep。

扫码观看
本案例视频

图 9-2

　　（1）按"Ctrl+N"组合键，弹出"合成设置"对话框，在"合成名称"文本框中输入"最终效果"，其他选项的设置如图 9-3 所示，单击"确定"按钮，创建一个新的合成"最终效果"。选择"文件 > 导入 > 文件"命令，在弹出的"导入文件"对话框中，选择云盘中的"Ch09\ 跟踪老鹰飞行 \（Footage）\ 01.mpeg"文件，单击"导入"按钮，将视频文件导入"项目"面板中，如图 9-4 所示。

图 9-3   图 9-4

（2）在"项目"面板中，选中"01.mpeg"文件并将其拖曳到"时间轴"面板中，如图 9-5 所示。"合成"面板中的效果如图 9-6 所示。选择"图层 > 新建 > 空对象"命令，"时间轴"面板中新增一个"空 1"图层，如图 9-7 所示。

图 9-5   图 9-6   图 9-7

（3）选择"窗口 > 跟踪器"命令，打开"跟踪器"面板，如图 9-8 所示。选中"01.mpeg"图层，在"跟踪器"面板中单击"跟踪运动"按钮，面板处于激活状态，如图 9-9 所示。"图层"面板中的效果如图 9-10 所示。

图 9-8   图 9-9   图 9-10

（4）拖曳控制点到老鹰眼睛的位置，如图 9-11 所示。在"跟踪器"面板中单击"向前分析"按钮自动跟踪计算，如图 9-12 所示。

图 9-11　　　　　　　　　　　　　图 9-12

（5）在"跟踪器"面板中单击"应用"按钮，如图 9-13 所示，弹出"动态跟踪器应用选项"对话框，单击"确定"按钮，如图 9-14 所示。

图 9-13　　　　　　　　　　　　　图 9-14

（6）选中"01.mpeg"图层，按"U"键，展开所有关键帧，可以看到刚才的控制点经过跟踪计算后产生的一系列关键帧，如图 9-15 所示。

图 9-15

（7）选中"空 1"图层，按"U"键，展开所有关键帧，同样可以看到跟踪计算产生的一系列关键帧，如图 9-16 所示。跟踪老鹰飞行制作完成。

图 9-16

9.1.2 单点跟踪

在某些合成效果中可能需要将某种效果跟踪另外一个物体运动，从而创建出想要的效果。例如，动态跟踪通过跟踪猫的鼻头单独一个点的运动轨迹，使调整图层与猫的鼻头的运动轨迹相同，实现合成效果，如图9-17所示。

图 9-17

选择"动画 > 跟踪运动"或"窗口 > 跟踪器"命令，打开"跟踪器"面板，在"图层"面板中显示当前图层。设置"跟踪类型"为"变换"，制作单点跟踪效果。在该面板中还可以设置"跟踪摄像机""变形稳定器""跟踪运动""稳定运动""运动源""当前跟踪""位置""旋转""缩放""编辑目标""选项""分析""重置""应用"等，与"图层"面板相结合，可以设置单点跟踪，如图9-18所示。

图 9-18

9.1.3 课堂案例——跟踪对象运动

【案例学习目标】学习使用多点跟踪制作跟踪对象运动效果。

【案例知识要点】使用"跟踪器"命令编辑多个跟踪点，使其处于不同的位置。跟踪对象运动效果如图9-19所示。

【效果所在位置】云盘 \Ch09\ 跟踪对象运动 \ 跟踪对象运动 .aep。

图 9-19

（1）按"Ctrl+N"组合键，弹出"合成设置"对话框，在"合成名称"文本框中输入"最终效果"，其他选项的设置如图9-20所示，单击"确定"按钮，创建一个新的合成"最终效果"。选择"文件

＞导入＞文件"命令，弹出"导入文件"对话框，选择云盘中的"Ch09 \ 跟踪对象运动 \ (Footage) \01.mpeg 和 02.mp4"文件，单击"导入"按钮，导入文件到"项目"面板，如图 9-21 所示。

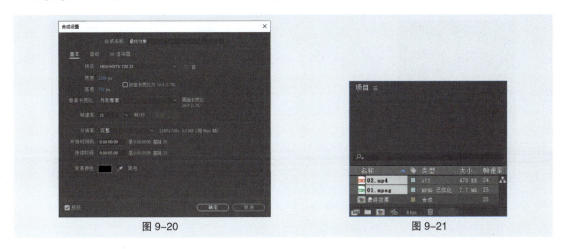

图 9-20　　　　　　　　　　　　　　　　　　图 9-21

（2）在"项目"面板中选择"01.mpeg"和"02.mp4"文件，将它们拖曳到"时间轴"面板中，图层的排列如图 9-22 所示。"合成"面板中的效果如图 9-23 所示。

图 9-22　　　　　　　　　　　　　　　　　图 9-23

（3）选择"窗口＞跟踪器"命令，打开"跟踪器"面板，如图 9-24 所示。选中"01.mpeg"图层，在"跟踪器"面板中单击"跟踪运动"按钮，面板处于激活状态，如图 9-25 所示。"图层"面板中的效果如图 9-26 所示。

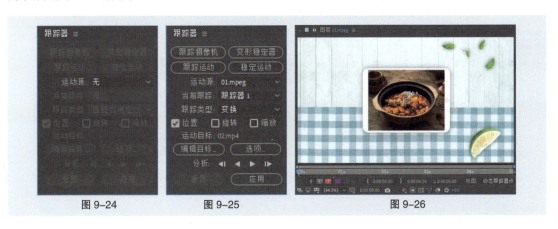

图 9-24　　　　　　　　图 9-25　　　　　　　　　　图 9-26

（4）在"跟踪器"面板的"跟踪类型"下拉列表中选择"透视边角定位"选项，如图 9-27 所示。"合成"面板中的效果如图 9-28 所示。

图 9-27　　　　　　　　　　　　　　　　　　　　　　　　图 9-28

（5）用鼠标分别拖曳 4 个控制点到画面的四角，如图 9-29 所示。在"跟踪器"面板中单击"向前分析"按钮 ▶ 自动跟踪计算，如图 9-30 所示。单击"应用"按钮，如图 9-31 所示。

图 9-29　　　　　　　　　　图 9-30　　　　　　　　　　图 9-31

（6）选中"01.mpeg"图层，按"U"键，展开所有关键帧，可以看到刚才的控制点经过跟踪计算后所产生的一系列关键帧，如图 9-32 所示。

图 9-32

（7）选中"02.mp4"图层，按"U"键，展开所有关键帧，同样可以看到跟踪计算所产生的一系列关键帧，如图 9-33 所示。

图 9-33

（8）跟踪对象运动制作完成，如图 9-34 所示。

图 9-34

9.1.4 多点跟踪

在某些影片的合成过程中经常需要将动态影片中的某一部分图像设置成其他图像，并生成跟踪效果。例如，将一段影片与另一指定的图像进行置换合成。动态跟踪通过跟踪标牌上的 4 个点的运动轨迹，使指定置换的图像与标牌的运动轨迹相同，实现合成效果，合成前与合成后效果分别如图 9-35 和图 9-36 所示。

图 9-35

图 9-36

多点跟踪效果的设置与单点跟踪效果的设置大部分相同，只是在"跟踪类型"下拉列表中选择"透视边角定位"，指定类型以后"图层"面板中会由原来的定义 1 个跟踪点的位置变成定义 4 个跟踪点的位置制作，多点跟踪效果，如图 9-37 所示。

图 9-37

9.2 表达式

表达式可以创建图层属性或一个属性关键帧到另一图层或另一个属性关键帧的联系。当要创建一个复杂的动画，但又不愿意手动创建几十、几百个关键帧时，就可以尝试使用表达式。在 After Effects 中想要给一个图层增加表达式，需要先给该图层增加一个表达式控制滤镜效果，如图 9-38 所示。

图 9-38

9.2.1 课堂案例——放大镜效果

【案例学习目标】学习通过编写表达式制作放大镜效果。

【案例知识要点】使用"导入"命令导入图片，使用"向后平移（锚点）工具"改变中心点位置，使用"球面化"命令制作球面效果，使用"添加表达式"命令制作放大效果。放大镜效果如图 9-39 所示。

【效果所在位置】云盘 \Ch09\ 放大镜效果 \ 放大镜效果 .aep。

扫码观看
本案例视频

图 9-39

（1）按"Ctrl+N"组合键，弹出"合成设置"对话框，在"合成名称"文本框中输入"最终效果"，其他选项的设置如图 9-40 所示，单击"确定"按钮，创建一个新的合成"最终效果"。

（2）选择"导入 > 文件 > 导入"命令，在弹出的"导入文件"对话框中，选择云盘中的"Ch09 \ 放大镜效果 \（Footage）\01.jpg、02.png"文件，单击"导入"按钮，将图片导入"项目"面板中，如图 9-41 所示。

（3）在"项目"面板中，选中"01.jpg"和"02.png"文件并将它们拖曳到"时间轴"面板中，图层的排列如图 9-42 所示。

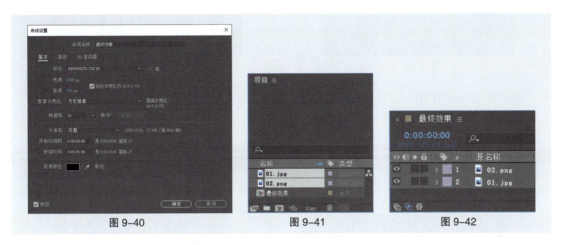

图 9-40　　　　　　　　　　图 9-41　　　　　　　　　　图 9-42

（4）选中"02.png"图层，按"S"键，展开"缩放"属性，设置"缩放"为"10.0,10.0%"，如图 9-43 所示。"合成"面板中的效果如图 9-44 所示。

图 9-43　　　　　　　　　　　　　图 9-44

（5）选择"向后平移（锚点）工具"，在"合成"面板中拖曳鼠标，调整放大镜的中心点位置，如图 9-45 所示。将时间标签放置在 0:00:00:00 的位置，按"P"键，展开"位置"属性，设置"位置"为"553.8,231.3"，单击"位置"属性左侧的"关键帧自动记录器"按钮，如图 9-46 所示，记录第 1 个关键帧。

图 9-45　　　　　　　　　　　　图 9-46

（6）将时间标签放置在 0:00:02:00 的位置，设置"位置"为"754.5,546.5"，如图 9-47 所示，记录第 2 个关键帧。将时间标签放置在 0:00:04:24 的位置，设置"位置"为"854.9,156.0"，如图 9-48 所示，记录第 3 个关键帧。

图 9-47   图 9-48

（7）将时间标签放置在 0:00:00:00 的位置，选中"01.jpg"图层，选择"效果 > 扭曲 > 球面化"命令，在"效果控件"面板中设置参数，如图 9-49 所示。"合成"面板中的效果如图 9-50 所示。

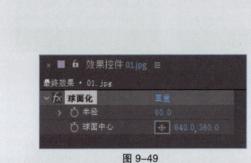

图 9-49   图 9-50

（8）在"时间轴"面板中，展开"球面化"属性，选中"球面中心"属性，选择"动画 > 添加表达式"命令，为"球面中心"属性添加一个表达式。在"时间轴"面板右侧输入表达式代码"thisComp.layer（"02.png"）.position"，如图 9-51 所示。

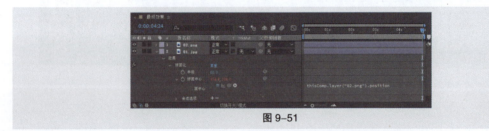

图 9-51

（9）放大镜效果制作完成，如图 9-52 所示。

图 9-52

After Effects 核心应用案例教程（After Effects 2020）（全彩慕课版）

9.2.2　创建表达式

在"时间轴"面板中选择一个需要创建表达式的控制属性，在菜单栏中选择"动画 > 添加表达式"命令激活该属性，如图 9-53 所示。属性被激活后，可以在该属性中直接输入表达式覆盖现有的文字，创建表达式的属性中会自动增加启用开关███、显示图表███、表达式拾取███和语言菜单███等工具，如图 9-54 所示。

图 9-53

图 9-54

创建表达式的工作都在"时间轴"面板中完成，当将一个图层属性的表达式增加到"时间轴"面板时，一个默认的表达式就出现在该属性下方的表达式编辑区中，在这个表达式编辑区中可以输入新的表达式或修改表达式的值。许多表达式依赖于图层属性名，如果改变一个表达式所在图层的属性名或图层名，则这个表达式可能产生一个错误的消息。

9.2.3　编写表达式

可以在"时间轴"面板中的表达式编辑区中直接编写表达式，也可以通过其他文本工具编写。在其他文本工具中编写表达式后，将表达式复制、粘贴到表达式编辑区中即可。在编写表达式时，可能需要一些 JavaScript 语法和数学基础知识。

编写表达式需要注意以下事项：JavaScript 语句区分大小写；一段或一行程序后需要加";"符号，使词间空格被忽略。

在 After Effects 中，可以用表达式语言访问属性值。访问属性值时，用"."符号将对象连接起来，例如，连接 Effect、masks、文字动画，可以用"()"符号；将图层 A 的 Opacity 连接到图层 B 的高斯模糊的 Blurriness 属性，可以在图层 A 的 Opacity 属性下面输入如下表达式。

thisComp.layer（"layer B"）.effect（"Gaussian Blur"）（"Blurriness"）

表达式的默认对象是表达式中对应的属性，接着是图层中内容的表达，因此，没有必要指定属性。例如，在图层的位置属性上编写摆动表达式可以用如下两种方法。

wiggle(5,10)

position.wiggle(5,10)

表达式中可以包括图层及其属性。例如，将图层 B 的 Opacity 属性与图层 A 的 Position 属性相连的表达式如下。

thisComp.layer(layerA).position[0].wiggle(5,10)

为属性添加表达式后，可以连续对属性进行编辑、增加关键帧。编辑或创建的关键帧的值将在表达式以外的地方使用。

编写好表达式后，可以将它存储，以便将来复制、粘贴，还可以在记事本程序中编辑表达式。但是表达式是针对图层编写的，不允许简单地将表达式存储和装载到一个项目。要存储表达式以便用于其他项目，可能要加注解或存储整个项目文件。

9.3 课堂练习——单点跟踪

【练习知识要点】使用"导入"命令导入视频文件，使用"跟踪器"命令添加跟踪点。单点跟踪效果如图 9-55 所示。

【效果所在位置】云盘 \Ch09\ 单点跟踪 \ 单点跟踪 .aep。

扫码观看
本案例视频

图 9-55

【习题知识要点】使用"跟踪器"命令编辑多个跟踪点，使其处于不同的位置。四点跟踪效果如图 9-56 所示。

【效果所在位置】云盘 \Ch09\ 四点跟踪 \ 四点跟踪 .aep。

扫码观看
本案例视频

图 9-56

第 10 章

制作三维合成

10

▶ **本章介绍**

　　随着新版本的推出，After Effects 在三维空间中的合成功能也越来越强大。After Effects 2020 在具有深度的三维空间中可以以丰富图层的运动样式，创建更逼真的灯光和摄像机运动效果。读者通过对本章的学习，可以掌握制作三维合成的方法和技巧。

课堂学习目标

第 10 章

知识目标

● 掌握三维合成的制作方法
● 掌握灯光和摄像机的应用技巧

技能目标

● 掌握"特卖广告"的制作方法
● 掌握"文字效果"的制作方法

素养目标

● 培养能够熟练运用所学知识实现更为复杂和逼真的三维合成效果能力
● 培养能够准确地把控和处理各种细节的能力
● 培养能够增加自信感和满足感，并激励自己继续学习和实践的能力

10.1 三维合成

After Effects 2020 可以在三维图层中显示图层，将图层指定为三维图层时，After Effects 会添加一个 z 轴控制该图层的深度。当 z 轴值增大时，图层在空间中移动到更远处；当 z 轴值减小时，则会更近。

10.1.1 课堂案例——特卖广告

【案例学习目标】学习使用三维合成制作特卖广告。

【案例知识要点】使用"导入"命令导入图片，使用"3D"属性制作三维效果，使用"位置"属性制作人物出场动画，使用"Y 轴旋转"属性和"缩放"属性制作标牌出场动画。特卖广告效果如图 10-1 所示。

【效果所在位置】云盘 \Ch10\ 特卖广告 \ 特卖广告 .aep。

图 10-1

（1）按"Ctrl+N"组合键，弹出"合成设置"对话框，在"合成名称"文本框中输入"最终效果"，其他选项的设置如图 10-2 所示，单击"确定"按钮，创建一个新的合成"最终效果"。

（2）选择"图层 > 新建 > 纯色"命令，弹出"纯色设置"对话框，在"名称"文本框中输入"底图"，设置"颜色"为淡黄色（其 R、G、B 值分别为 255、237、46），其他选项的设置如图 10-3 所示，单击"确定"按钮，创建一个新的纯色图层"底图"，如图 10-4 所示。

图 10-2　　　　　　　　　　图 10-3　　　　　　　　　　图 10-4

（3）选择"文件 > 导入 > 文件"命令，弹出"导入文件"对话框，选择云盘中的"Ch10 \ 特卖广告 \（Footage）\01.png 和 02.png"文件，单击"导入"按钮，将文件导入"项目"面板。

（4）在"项目"面板中，选中"01.png"文件，将其拖曳到"时间轴"面板中，如图 10-5 所示。按"P"键，展开"位置"属性，设置"位置"为"-289.0,458.5"，如图 10-6 所示。

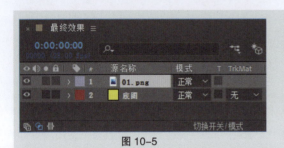
图 10-5

图 10-6

（5）保持时间标签在 0:00:00:00 的位置，单击"位置"属性左侧的"关键帧自动记录器"按钮，如图 10-7 所示，记录第 1 个关键帧。将时间标签放置在 0:00:01:00 的位置，设置"位置"为"285.0,458.5"，如图 10-8 所示，记录第 2 个关键帧。

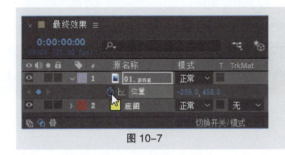
图 10-7

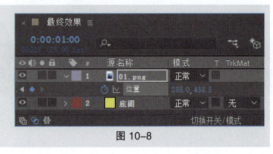
图 10-8

（6）在"项目"面板中，选中"02.png"文件，将其拖曳到"时间轴"面板中，按"P"键，展开"位置"属性，设置"位置"为"957.0,363.0"，如图 10-9 所示。"合成"面板中的效果如图 10-10 所示。

图 10-9   图 10-10

（7）单击"02.png"图层右侧的"3D 图层"按钮，打开三维属性，如图 10-11 所示。保持时间标签在 0:00:01:00 的位置，单击"Y 轴旋转"属性左侧的"关键帧自动记录器"按钮，如图 10-12 所示，记录第 1 个关键帧。将时间标签放置在 0:00:02:00 的位置，设置"Y 轴旋转"为"2x+0.0°"，如图 10-13 所示，记录第 2 个关键帧。

图 10-11

图 10-12

图 10-13

（8）将时间标签放置在 0:00:00:00 的位置，选中"02.png"图层，按"S"键，展开"缩放"属性，设置"缩放"为"0.0,0.0,0.0%"，单击"缩放"属性左侧的"关键帧自动记录器"按钮，如图 10-14 所示，记录第 1 个关键帧。将时间标签放置在 0:00:01:00 的位置，设置"缩放"为"100.0,100.0,100.0%"，如图 10-15 所示，记录第 2 个关键帧。

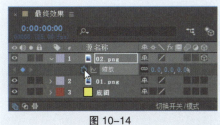

图 10-14

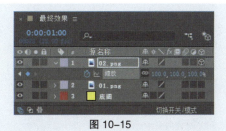

图 10-15

（9）将时间标签放置在 0:00:02:00 的位置，在"时间轴"面板中，单击"缩放"属性左侧的"在当前时间添加或移除关键帧"按钮，如图 10-16 所示，记录第 3 个关键帧。将时间标签放置在 0:00:04:24 的位置，设置"缩放"为"110.0,110.0,110.0%"，如图 10-17 所示，记录第 4 个关键帧。

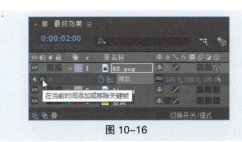

图 10-16

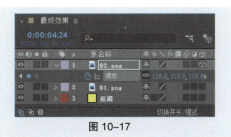

图 10-17

（10）特卖广告制作完成，如图 10-18 所示。

图 10-18

10.1.2　转换成三维图层

　　除了声音图层以外，所有素材图层都可以转换成三维图层。将一个普通的二维图层转换成三维图层也非常简单，只需要在图层右侧单击"3D 图层"按钮⬛即可，展开图层属性会发现在变换属性中，无论是"锚点"属性、"位置"属性、"缩放"属性、"方向"属性，还是不同方向的"旋转"属性，都出现了 z 轴向参数信息，还添加了另一个"材质选项"属性，如图 10-19 所示。

　　调节"Y 轴旋转"为"45°"。"合成"面板中的效果如图 10-20 所示。

图 10-19　　　　　　　　　　　　　图 10-20

　　如果要将三维图层重新变回二维图层，只需要在"时间轴"面板再次单击"3D 图层"按钮⬛，关闭三维属性即可，三维图层当中的 z 轴信息和"材质选项"信息将丢失。

　　提示：虽然很多特效可以模拟三维效果（例如，"效果 > 扭曲 > 凸出"效果），但是这些都是实实在在的二维特效，也就是说，即使这些特效当前作用于三维图层，它们仍然只是模拟三维效果而不会对三维图层 z 轴产生任何影响。

10.1.3　三维图层的"位置"属性

　　对三维图层来说，"位置"属性由 x、y、z 这 3 个维度的参数控制，如图 10-21 所示。

图 10-21

（1）打开 After Effects 软件，选择"文件 > 打开项目"命令，选择云盘中的"基础素材 \ Ch10\ 三维图层 .aep"文件，单击"打开"按钮打开此文件。

（2）在"时间轴"面板中，选择某个三维图层、摄像机图层或者灯光图层，被选择图层的坐标轴将会显示出来，其中红色坐标代表 x 轴向、绿色坐标代表 y 轴向、蓝色坐标代表 z 轴向。

（3）在"工具"面板中选择"选取工具" ，在"合成"面板中，将鼠标指针停留在各个轴向上，观察鼠标指针的变化。当鼠标指针变成 形状时，代表移动锁定在 x 轴向上；当鼠标指针变成 形状时，代表移动锁定在 y 轴向上；当鼠标指针变成 形状时，代表移动锁定在 z 轴向上。

提示： 如果鼠标指针没有呈现任何坐标轴信息，则可以在空间中全方位地移动三维对象。

10.1.4　三维图层的"方向"和"旋转"属性

1. 使用"方向"属性旋转

（1）选择"文件 > 打开项目"命令，选择云盘中的"Ch10\ 基础素材 \ 三维图层 .aep"文件，单击"打开"按钮打开此文件。

（2）在"时间轴"面板中，选择某个三维图层、摄像机图层或者灯光图层。

（3）在"工具"面板中，选择"旋转工具" ，在"组"下拉列表中选择"方向"选项，如图 10-22 所示。

图 10-22

（4）在"合成"面板中，将鼠标指针放置在某个坐标轴上。当鼠标指针出现 X 时，进行 x 轴向旋转；当鼠标指针出现 Y 时，进行 y 轴向旋转；当鼠标指针出现 Z 时，进行 z 轴向旋转；没有出现任何信息时，可以全方位旋转三维对象。

（5）在"时间轴"面板中，展开当前三维图层的"变换"属性，观察 3 组"旋转"属性值的变化，如图 10-23 所示。

图 10-23

2. 使用"旋转"属性旋转

（1）使用上面的素材，选择"编辑 > 撤销"命令，还原到项目文件的上次存储状态。

（2）在"工具"面板中选择"旋转工具" ，在"组"下拉列表中选择"旋转"选项，如图 10-24 所示。

图 10-24

（3）在"合成"面板中，将鼠标指针放置在某坐标轴上。当鼠标指针出现 X 时，进行 x 轴向旋转；当鼠标指针出现 Y 时，进行 y 轴向旋转；当鼠标指针出现 Z 时，进行 z 轴向旋转；没有出现任何信息时，可以全方位旋转三维对象。

（4）在"时间轴"面板中，展开当前三维图层的"变换"属性，观察 3 组"旋转"属性值的变化，如图 10-25 所示。

图 10-25

10.1.5 三维视图

虽然感知三维空间并不需要通过专门的训练，但是在制作过程中，往往会由于各种原因（场景过于复杂等）导致视觉错觉，无法仅通过观察透视图正确判断当前三维对象的具体空间状态，因此往往需要借助更多的视图来进行判断，如正面、左侧、顶部、活动摄像机等，从而得到准确的空间位置信息。选择正面、左侧、顶部、活动摄像机视图的显示效果分别如图 10-26 ~图 10-29 所示。

图 10-26

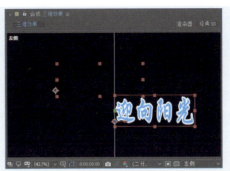
图 10-27

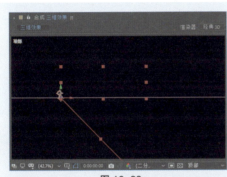
图 10-28

图 10-29

可以在"合成"面板的 活动摄像机 ▼ （3D 视图）下拉列表中选择视图模式，视图模式大致分为 3 类：正交视图、摄像机视图和自定义视图。

1. 正交视图

正交视图包括正面、左侧、顶部、背面、右侧和底部，其实就是以垂直正交的方式观看空间中的 6 个面，在正交视图中，长度和距离以原始数据的方式呈现，从而忽略了透视导致的视图大小变化，这也就意味着在正交视图观看立体物体时没有透视感，如图 10-30 所示。

2. 摄像机视图

摄像机视图是从摄像机的角度，通过镜头去观看空间，与正交视图不同的是，这里描绘出的空间是带有透视变化的视觉空间，非常真实地再现近大远小、近长远短的透视关系，设置镜头的特殊属性，还能对此进行夸张设置等，如图 10-31 所示。

图 10-30

图 10-31

3. 自定义视图

自定义视图是从几个默认的角度观看当前空间，可以通过"工具"面板中的摄像机视图工具调整视图角度。与摄像机视图一样，自定义视图同样遵循透视的规律来呈现当前空间，不过自定义视图并不要求合成项目中必须有摄像机才能打开 3D 视图，当然也不具备镜头设置带来的景深、广角、长焦之类的空间观看方式，自定义视图可以理解为 3 个可自定义的标准透视视图。

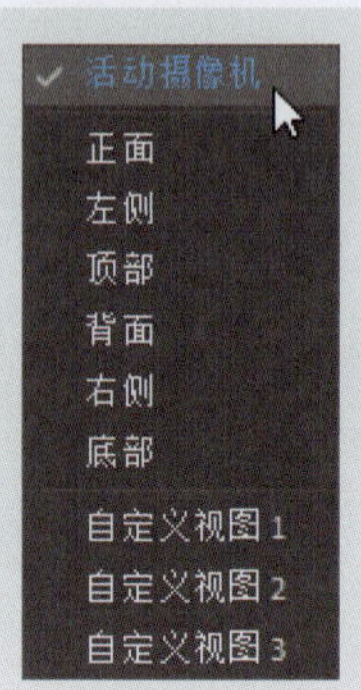

「活动摄像机 ∨」（3D 视图）下拉列表中的选项如图 10-32 所示。

⊙ 活动摄像机：当前激活的摄像机视图，也就是在当前时间位置打开的摄像机图层的视图。

⊙ 正面：正视图，从正前方观看合成空间，不带透视效果。

⊙ 左侧：左视图，从正左方观看合成空间，不带透视效果。

⊙ 顶部：顶视图，从正上方观看合成空间，不带透视效果。

⊙ 背面：背视图，从正后方观看合成空间，不带透视效果。

⊙ 右侧：右视图，从正右方观看合成空间，不带透视效果。

⊙ 底部：底视图，从正下方观看合成空间，不带透视效果。

⊙ 自定义视图 1~3：3 个自定义视图从 3 个默认的角度观看合成空间，带有透视效果，可以通过"工具"面板中的摄像机位置工具改变视角。

图 10-32

10.1.6　多视图观看三维空间

在进行三维创作时，虽然可以通过 3D 视图下拉列表方便地切换视图，但是仍然不利于各个视角的参照对比，而且来回频繁地切换视图会导致创作效率低下。不过庆幸的是，After Effects 提供了多种视图方式，可以同时多角度观看三维空间，用户可通过"合成"面板中的"选定视图方案"下拉列表进行选择。

⊙ 1 视图：仅显示一个视图，如图 10-33 所示。

⊙ 2 视图 - 水平：同时显示两个视图，左右排列，如图 10-34 所示。

图 10-33

图 10-34

⊙ 2 视图 - 纵向：同时显示两个视图，上下排列，如图 10-35 所示。

⊙ 4 视图：同时显示 4 个视图，如图 10-36 所示。

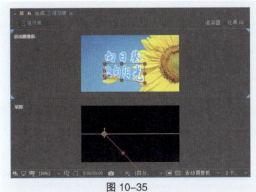

图 10-35   图 10-36

⊙ 4 视图 – 左侧：同时显示 4 个视图，其中主视图在右边，如图 10-37 所示。

⊙ 4 视图 – 右侧：同时显示 4 个视图，其中主视图在左边，如图 10-38 所示。

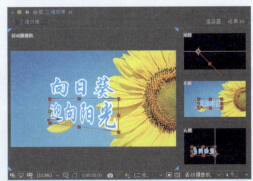

图 10-37   图 10-38

⊙ 4 视图 – 顶部：同时显示 4 个视图，其中主视图在下边，如图 10-39 所示。

⊙ 4 视图 – 底部：同时显示 4 个视图，其中主视图在上边，如图 10-40 所示。

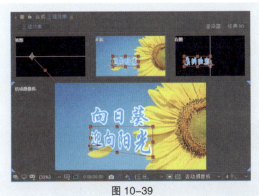

图 10-39   图 10-40

其中每个分视图都可以在激活后，从 3D 视图下拉列表中更换具体观看角度，或者设置视图显示方式等。

另外，勾选"共享视图选项"复选框，可以让多视图共享同样的视图设置，如"安全框显示""网格显示""通道显示"等。

10.1.7　坐标系

在控制三维对象时，会依据某种坐标体系进行轴向定位，After Effects 提供了 3 种坐标系：本地坐标系、世界坐标系和视图坐标系。坐标系的切换是通过"工具"面板中的 、 和 按钮实现的。

1. 本地坐标系

本地坐标系采用被选择物体本身的坐标轴作为变换的依据，这在物体的方位与世界坐标系不同时很有帮助，如图 10-41 所示。

2. 世界坐标系

世界坐标系使用合成空间中的绝对坐标系作为定位，坐标轴不会随着物体的旋转而改变，属于绝对坐标。无论在哪一个视图中，x 轴始终是往水平方向延伸，y 轴始终是往垂直方向延伸，z 轴始终往纵深方向延伸，如图 10-42 所示。

3. 视图坐标系

视图坐标系与当前所处的视图有关，也可以称之为屏幕坐标系。对于正交视图和自定义视图，x 轴和 y 轴仍然始终平行于视图，其纵深轴 z 轴始终垂直于视图；对于摄像机视图，x 轴和 y 轴仍然始终平行于视图，但 z 轴有一定的变动，如图 10-43 所示。

图 10-41　　　　　　　　　图 10-42　　　　　　　　　图 10-43

10.1.8　三维图层的"材质选项"属性

当普通的二维图层转换成三维图层时，会添加一个全新的属性"材质选项"。可以通过设置此属性，决定三维图层如何响应灯光系统，如图 10-44 所示。

图 10-44

选中某个三维素材图层，连续两次按"A"键，展开"材质选项"属性。

投影：是否投射阴影选项，其中包括"开""关""仅"3种模式，效果分别如图10-45、图10-46和图10-47所示。

图10-45　　　　　　　图10-46　　　　　　　图10-47

透光率：透光程度，可以体现半透明物体在灯光下的照射效果，主要效果体现在阴影上，透光率为0%和70%的效果分别如图10-48和图10-49所示。

图10-48

图10-49

接受阴影：是否接受阴影，此属性不能制作关键帧动画。

接受灯光：是否接受光照，此属性不能制作关键帧动画。

环境：调整三维图层受"环境"类型灯光影响的程度。设置"环境"类型灯光，如图10-50所示。

漫射：调整图层漫反射程度。设置为100%时，将反射大量的光；如果为0%，则不反射光。

镜面强度：调整图层镜面反射的程度。

镜面反光度：设置"镜面强度"的区域，值越小，"镜面强度"的区域越小。在"镜面强度"为0的情况下，此属性将不起作用。

金属质感：调节反射的光的颜色。值越接近100%，就越接近图层的颜色；值越接近0%，就越接近灯光的颜色。

图10-50

10.2　灯光和摄像机

After Effects中的三维图层具有"材质选项"属性，但要得到满意的合成效果，还必须在场景中创建和设置灯光，图层的投影、环境和反射等特性都是在一定的灯光作用下才发挥作用的。

在三维空间的合成中，除了灯光和图层材质赋予的多种多样的效果以外，摄像机的功能也是相当重要的，因为不同视角得到的光影效果是不同的。而且，摄像机也增强了动画控制的方面的灵活性和多样性，丰富了图像合成的视觉效果。

10.2.1 课堂案例——文字效果

【案例学习目标】学习使用摄像机制作文字效果。

【案例知识要点】使用"横排文字工具"和"直排文字工具"输入文字，使用"缩放"属性调整视频的大小，使用"色相/饱和度"命令和"曲线"命令调整视频的色调和亮度，使用"摄像机"命令添加摄像机图层并制作关键帧动画。文字效果如图10-51所示。

【效果图所在位置】云盘\Ch10\文字效果\文字效果.aep。

扫码观看
本案例视频

图 10-51

（1）按"Ctrl+N"组合键，弹出"合成设置"对话框，在"合成名称"文本框中输入"最终效果"，其他选项的设置如图10-52所示，单击"确定"按钮，创建一个新的合成"最终效果"。

（2）选择"文件 > 导入 > 文件"命令，弹出"导入文件"对话框，选择云盘中的"Ch10 \ 文字效果 \（Footage）\01.jpg和02.mp4"文件，单击"导入"按钮，将文件导入"项目"面板。在"项目"面板中选中"02.mp4"文件并将其拖曳到"时间轴"面板中，如图10-53所示。

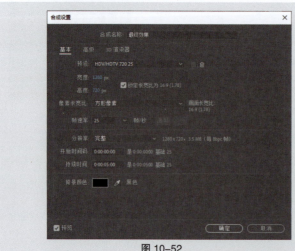

图 10-52

图 10-53

（3）选中"02.mp4"图层，按"S"键，展开"缩放"属性，设置"缩放"为"67.0,67.0%"，如图10-54所示。"合成"面板中的效果如图10-55所示。

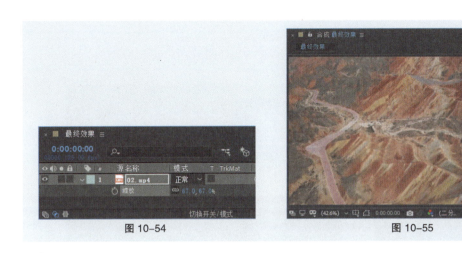

图 10-54

图 10-55

（4）选择"效果 > 颜色校正 > 色相 / 饱和度"命令，在"效果控件"面板中进行设置，如图 10-56 所示。"合成"面板中的效果如图 10-57 所示。

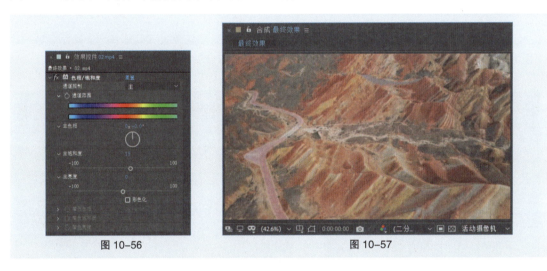

图 10-56

图 10-57

（5）选择"效果 > 颜色校正 > 曲线"命令，在"效果控件"面板中进行设置，如图 10-58 所示。"合成"面板中的效果如图 10-59 所示。

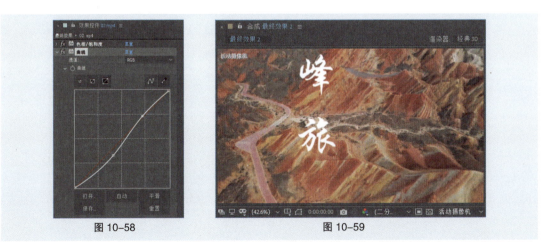

图 10-58

图 10-59

（6）选择"直排文字工具" ，在"合成"面板输入文字"峰 旅"。选中文字，在"字符"面板中设置文字参数，如图 10-60 所示。"合成"面板中的效果如图 10-61 所示。

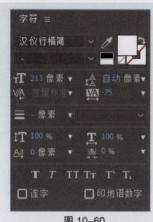

图 10-60   图 10-61

（7）单击"峰 旅"图层右侧的"3D 图层"按钮，打开三维属性，如图 10-62 所示。"合成"面板中的效果如图 10-63 所示。

图 10-62   图 10-63

（8）选择"图层 > 新建 > 空对象"命令，在"时间轴"面板中创建一个"空 1"图层，如图 10-64 所示。单击"空 1"图层右侧的"3D 图层"按钮，打开三维属性，如图 10-65 所示。

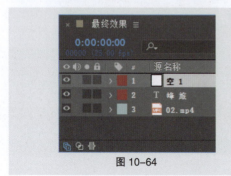

图 10-64   图 10-65

（9）保持时间标签在 0:00:00:00 的位置，分别单击"锚点"属性和"Y 轴旋转"属性左侧的"关键帧自动记录器"按钮◎，如图 10-66 所示，记录第 1 个关键帧。将时间标签放置在 0:00:01:00 的位置，设置"锚点"为"0.0, -13.0, 168.0"，"Y 轴旋转"为"0x-6.0°"，如图 10-67 所示，记录第 2 个关键帧。

图 10-66   图 10-67

（10）将时间标签放置在 0:00:00:00 的位置，选择"图层 > 新建 > 摄像机"命令，弹出"摄像机设置"对话框，在"名称"文本框中输入"摄像机 1"，其他选项的设置如图 10-68 所示，单击"确定"按钮，在"时间轴"面板中新增一个摄像机图层，如图 10-69 所示。

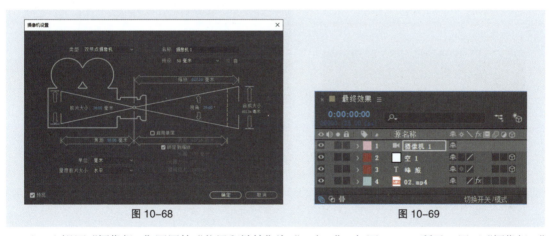

图 10-68   图 10-69

（11）设置"摄像机 1"图层的"父级和链接"为"2. 空 1"，如图 10-70 所示。展开"摄像机 1"图层的"变换"属性，如图 10-71 所示。

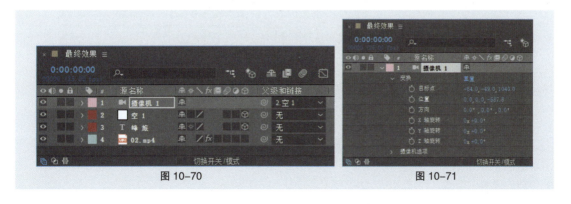

图 10-70   图 10-71

（12）分别单击"目标点"属性和"位置"属性左侧的"关键帧自动记录器"按钮🕐，如图 10-72 所示，记录第 1 个关键帧。将时间标签放置在 0:00:01:00 的位置，设置"目标点"为"41.0, -17.0, 1970.0"，"位置"为"0.0, 0.0, -1468.8"，如图 10-73 所示，记录第 2 个关键帧。

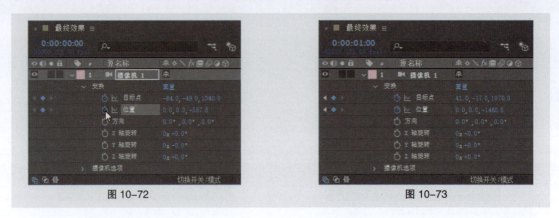

图 10-72　　　　　　　　　　　　　　　　　　图 10-73

（13）在"项目"面板中选中"01.jpg"文件，将其拖曳到"时间轴"面板中。按"P"键，展开"位置"属性，设置"位置"为"744.1, 523.4"，如图 10-74 所示。"合成"面板中的效果如图 10-75 所示。

图 10-74　　　　　　　　　　　　　　　　　　图 10-75

（14）保持时间标签在 0:00:01:00 的位置，按"Alt+["组合键，设置动画的入点，如图 10-76 所示。

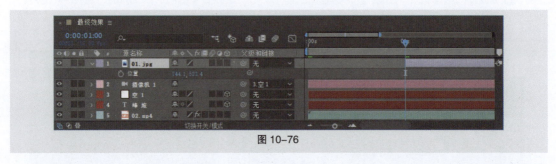

图 10-76

（15）按"S"键，展开"缩放"属性，设置"缩放"为"0.0, 0.0%"，单击"缩放"属性左侧的"关键帧自动记录器"按钮🕐，如图 10-77 所示，记录第 1 个关键帧。将时间标签放置在 0:00:01:06 的位置，设置"缩放"为"100.0, 100.0%"，如图 10-78 所示，记录第 2 个关键帧。

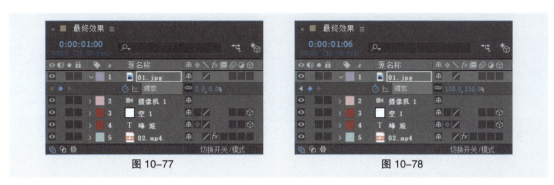

图 10-77   图 10-78

（16）选择"横排文字工具" T ，在"合成"面板输入文字"丹霞奇险灵秀美如画"。选中文字，在"字符"面板中设置文字参数，如图 10-79 所示。"合成"面板中的效果如图 10-80 所示。

图 10-79   图 10-80

（17）选中"图层 1"图层，按"P"键，展开"位置"属性，设置"位置"为"176.4,357.2"，如图 10-81 所示。"合成"面板中的效果如图 10-82 所示。

图 10-81   图 10-82

（18）保持时间标签在 0:00:01:06 的位置，按"Alt+["组合键，设置动画的入点，如图 10-83 所示。文字效果制作完成。

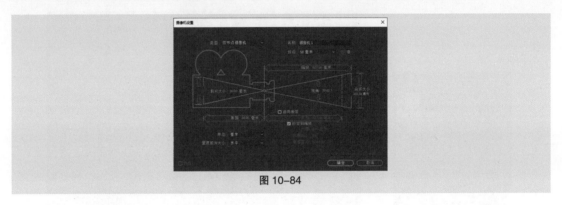

图 10-83

10.2.2　创建和设置摄像机

创建摄像机的方法很简单，选择"图层 > 新建 > 摄像机"命令，或按"Ctrl+Shift+Alt+C"组合键，在弹出的对话框中进行设置，如图 10-84 所示，单击"确定"按钮完成设置。

图 10-84

名称：设定摄像机名称。

预设：摄像机预设，此下拉列表包含 9 种常用的摄像机镜头，有标准的"35 毫米"镜头、"15 毫米"广角镜头、"200 毫米"长焦镜头以及自定义镜头等。

单位：选择在"摄像机设置"对话框中使用的参数单位，包括像素、英寸和毫米 3 个选项。

量度胶片大小：可以改变"胶片尺寸"的基准方向，包括水平、垂直和对角 3 个选项。

缩放：设置摄像机到图像的距离。值越大，通过摄像机显示的图层就越大，视野也就越小。

视角：视角越大，视野越宽，相当于广角镜头；视角越小，视野越窄，相当于长焦镜头。调整此参数时，会和"焦长""胶片尺寸""变焦"3 个值互相影响。

焦距：指胶片和镜头之间的距离。焦距短，就是广角效果；焦距长，就是长焦效果。

启用景深：是否打开景深功能。配合"焦距""光圈""光圈大小""模糊层次"参数使用。

焦距：焦点距离，确定从摄像机开始，到图像最清晰位置的距离。

光圈：设置光圈大小。不过在 After Effects 中，光圈大小与曝光没有关系，仅影响景深的大小。光圈越大，前后图像清晰的范围越小。

光圈大小：快门速度，此参数与"光圈"互相影响，同样影响景深模糊程度。

模糊层次：控制景深模糊程度，值越大越模糊，为 0% 则不进行模糊处理。

10.2.3　利用工具移动摄像机

"工具"面板中有 4 个移动摄像机的工具，在当前摄像机移动工具上按住鼠标左键不放，弹出其他摄像机移动工具的选项，或按"C"键在这 4 个工具之间切换，如图 10-85 所示。

图 10-85

"统一摄像机工具" ■: 集合以下几种摄像机工具的功能，使用 3 键鼠标的不同按键可以灵活变换操作，鼠标左键为旋转，鼠标中键为平移，鼠标右键为推拉。

"轨道摄像机工具" ◎: 用于以目标为中心点，旋转摄像机。

"跟踪 XY 摄像机工具" ◆: 用于在垂直方向或水平方向平移摄像机。

"跟踪 Z 摄像机工具" ◆: 用于将摄像机镜头拉近、推远，也就是让摄像机在 z 轴上平移。

10.2.4　摄像机和灯光的入点与出点

在"时间轴"面板中，新建的摄像机和灯光的入点和出点就是合成项目的入点和出点，即作用于整个合成项目。为了设置多个摄像机或者多个灯光在不同时间段起作用，可以修改摄像机或者灯光的入点和出点，改变其持续时间，就像对待其他普通素材图层一样，从而方便地实现多个摄像机或者多个灯光在时间上的切换，如图 10-86 所示。

图 10-86

10.3　课堂练习——旋转文字

【练习知识要点】使用"导入"命令导入图片，使用"3D"属性制作三维效果，使用"Y轴旋转"属性和"缩放"属性制作文字动画。旋转文字效果如图 10-87 所示。

【效果所在位置】云盘 \Ch10\ 旋转文字 \ 旋转文字 .aep。

扫码观看
本案例视频

图 10-87

　　【习题知识要点】使用"缩放"属性制作缩放动画，使用"空对象"命令创建空白图层，使用"锚点"属性和"Y轴旋转"属性制作动画效果，使用"摄像机"命令添加摄像机。摄像机动画效果如图10-88所示。

　　【效果所在位置】云盘\Ch10\摄像机动画\摄像机动画.aep。

扫码观看
本案例视频

图 10-88

第11章

商业案例

11

▶ 本章介绍

    本章通过商业视频设计项目真实情境来训练读者利用所学知识完成商业视频设计项目的能力。通过多个视频设计项目案例的演练，帮助读者进一步掌握 After Effects 2020 的强大功能和使用技巧，并应用所学技能制作出专业的视频作品。

课堂学习目标

第 11 章

知识目标

- 掌握软件的综合应用能力
- 熟练制作各种效果

技能目标

- 掌握"汽车广告"的制作方法
- 掌握"端午节宣传片"的制作方法
- 掌握"草原美景相册"的制作方法
- 掌握"早安城市纪录片"的制作方法
- 掌握"科技片头"的制作方法
- 掌握"电器网 MG 动画"的制作方法

素养目标

- 培养具有良好的艺术感知和审美意识的能力
- 培养能够认真倾听的沟通交流能力
- 培养对自己职业发展有明确意识的就业与创业思维

11.1.1 项目背景

1. 客户名称

疾风汽车。

2. 客户需求

疾风汽车是一家汽车生产制造公司，以生产越野车、敞篷旅行车和赛车而闻名。现推出新款越野车，需要制作宣传广告，要求突出汽车的性能及特点，展现品牌品质。

11.1.2 设计要求

（1）以实景照片作为背景以衬托主体。

（2）设计要简洁，能明确表现宣传主题。

（3）设计风格具有特色，时尚新潮。

（4）设计形式多样，在细节的处理上要求细致独特。

（5）设计规格均为 1280 px（宽）×720 px（高），方形像素，帧速率为 25 帧 / 秒。

11.1.3 项目设计

本案例设计效果如图 11-1 所示。

图 11-1

扫码观看
本案例视频

11.1.4 项目要点

使用"导入"命令导入素材文件，使用"卡片擦除"命令制作图像过渡效果，使用"位置"属性、"不透明度"属性制作动画效果，使用"淡入淡出－帧"预设制作动画效果。

11.2　宣传片制作——制作端午节宣传片

11.2.1　项目背景

1. 客户名称

时尚生活电视台。

2. 客户需求

时尚生活电视台是介绍人们的衣、食、住、行等方面的资讯的时尚生活类电视台。端午节来临之际，要求制作端午节宣传片，要体现出端午节的特点。

11.2.2　设计要求

（1）宣传片设计要求以粽子、竹子等为画面主体，体现宣传片的主题。

（2）设计形式要简洁，能表现宣传主题。

（3）颜色对比强烈，能直观地展示节日的性质。

（4）设计规格均为 1280 px（宽）×720 px（高），方形像素，帧速率为 25 帧 / 秒。

11.2.3　项目设计

本案例设计效果如图 11-2 所示。

图 11-2

11.2.4　项目要点

使用"导入"命令导入素材文件，使用"位置"属性、"不透明度"属性制作动画效果，使用"卡片擦除"命令制作图像过渡效果。

11.3　特效相册制作——制作草原美景相册

11.3.1　项目背景

1. 客户名称

卡嘻摄影工作室。

2. 客户需求

卡嘻摄影工作室是摄影行业比较有实力的摄影工作室，该工作室运用艺术家的眼光捕捉独特瞬间，使照片充满艺术性和个性。现需要制作草原美景相册，要求突出表现大草原独特的人文风光。

11.3.2　设计要求

（1）相册要有极强的表现力。

（2）使用颜色和效果烘托出人物的个性。

（3）设计要求富有创意，体现出多彩的草原生活。

（4）设计规格均为 1280 px（宽）×720 px（高），方形像素，帧速率为 25 帧/秒。

11.3.3　项目设计

本案例设计效果如图 11-3 所示。

图 11-3

11.3.4 项目要点

使用"位置"属性和关键帧制作图片位移动画效果,使用"缩放"属性和关键帧制作图片缩放动画效果。

11.4 电视纪录片制作——制作早安城市纪录片

11.4.1 项目背景

1. 客户名称

尚品生活电视台。

2. 客户需求

尚品生活电视台是一家地方电视台,提供多个频道的直播、点播、节目预告等服务,包括栏目、电影、电视剧、纪录片、动画片、体育赛事等多个频道,在每周末播出具有特色的地方宣传片。现需要制作一部以早安城市为主题的纪录片,要求体现出朝气蓬勃、欣欣向荣的景象,让观众体会到本地都市的魅力并提升幸福感。

11.4.2 设计要求

(1)设计画面突出宣传主体,能表现出纪录片特色。

(2)画面色调要明亮通透,能抓住人们的视线。

(3)设计风格统一、有连续性,能直观地表现宣传主题。

(4)设计要求富有创意,体现出欣欣向荣的城市生活。

(5)设计规格均为 1280 px(宽)×720 px(高),方形像素,帧速率为 25 帧 / 秒。

11.4.3 项目设计

本案例设计效果如图 11-4 所示。

图 11-4

11.4.4 项目要点

使用"横排文字工具"和"字符"面板输入并编辑文字，利用"位置"属性和"不透明度"属性制作文字动画效果，使用"照片滤镜"命令和"色阶"命令调整视频色调，利用"缩放"属性制作文字动画效果。

11.5 节目片头制作——制作科技片头

11.5.1 项目背景

1. 客户名称

"科学部落"。

2. 客户需求

"科学部落"是一档科技类节目，融汇科技资讯、传播科学知识，及时、准确地报道科技要闻、科技新品，满足用户对不同类型资讯的需求。现要求为此栏目制作片头，设计要求具有特色，能够体现节目性质及特点。

11.5.2 设计要求

（1）设计要求内容突出，重点宣传此节目内容。

（2）画面色彩搭配适宜，充满活力。

（3）要求整体对比感强烈，能迅速吸引人们注意。

（4）设计规格均为 1280 px（宽）×720 px（高），方形像素，帧速率为 25 帧 / 秒。

11.5.3 项目设计

本案例设计效果如图 11-5 所示。

图 11-5

After Effects 核心应用案例教程（After Effects 2020）（全彩慕课版）

图 11-5（续）

11.5.4 项目要点

使用"导入"命令导入素材文件，使用"位置"属性和"效果和预设"面板制作文字动画效果，使用"位置"属性、"不透明度"属性、"缩放"属性制作动画效果。

11.6 MG 动画制作——制作电器网 MG 动画

11.6.1 项目背景

1. 客户名称

爱上生活电器网。

2. 客户需求

爱上生活电器网是一家家用电器网络零售商，是电子商务领域受消费者欢迎和具有影响力的家电商务网站，在线销售各类家用电器，包括电饭煲、养生壶、料理机、电烤箱、饮水机等。现需要为平台设计一款 MG 风格的宣传动画，要求体现出网站产品丰富、种类齐全的特点。

11.6.2 设计要求

（1）动画要具有极强的表现力。

（2）设计形式要简洁，能表现宣传主题。

（3）设计风格具有特色，能够引起观众共鸣并激发其查看兴趣。

（4）设计规格均为 1280 px（宽）×720 px（高），方形像素，帧速率为 25 帧 / 秒。

11.6.3 项目设计

本案例设计效果如图 11-6 所示。

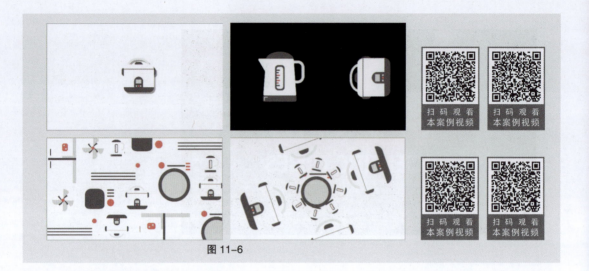

图 11-6

11.6.4　项目要点

　　使用"导入"命令导入素材文件，使用"位置"属性、"缩放"属性、"不透明度"属性和"旋转"属性制作动画效果，使用"梯度渐变"命令制作渐变背景，使用"效果和预设"面板制作文字动画效果。

11.7　课堂练习——制作美食片头

11.7.1　项目背景

1. 客户名称

"美食厨房"。

2. 客户需求

　　"美食厨房"是一档以介绍做菜方法、料理技巧、食材处理方法，谈论做菜体会等为主要内容的栏目。现要求为"美食厨房"设计制作美食片头，要求符合主题，体现出健康、美味的特点。

11.7.2　设计要求

　　（1）以食材和美食为主要内容。

　　（2）使用暖色的底图烘托出明亮、健康、美味的氛围。

　　（3）设计要求表现出简单易懂、色香味俱全的感觉。

　　（4）设计规格均为 1280 px（宽）×720 px（高），方形像素，帧速率为 25 帧 / 秒。

11.7.3　项目设计

　　本练习的设计效果如图 11-7 所示。

制作页面 1 动画　　　　制作页面 2 动画　　　　扫码观看本案例视频　扫码观看本案例视频　扫码观看本案例视频

制作页面 3 动画　　　　最终效果　　　　扫码观看本案例视频　扫码观看本案例视频

图 11-7

11.7.4　项目要点

使用"导入"命令导入素材文件，使用"位置"属性、"缩放"属性、"旋转"属性制作动画效果，使用"横排文字工具"和"效果和预设"面板制作文字动画效果。

11.8　课后习题——制作新年宣传片

11.8.1　项目背景

1. 客户名称

清泉水产有限公司。

2. 客户需求

清泉是一家水产销售企业，公司主营业务包括淡水鱼养殖、研发、收购、水产物流等。现因春节即将来临，需要制作一款新年宣传片，用于线上传播，以便与合作伙伴以及公司员工联络感情和互致问候。要求具有温馨的祝福语言、浓郁的民俗色彩，以及节日特色，能够充分表达公司的祝福与问候。

11.8.2　设计要求

（1）宣传片要用到传统民俗的风格，既传统又具有现代感。

（2）要表现节日特色。

（3）使用具有春节特色的元素装饰画面，营造热闹的气氛。

（4）画面版式沉稳且富于变化，能迅速吸引人们注意。

（5）设计规格均为 1280 px（宽）×720 px（高），方形像素，帧速率为 25 帧 / 秒。

11.8.3　项目设计

本习题的设计效果如图 11-8 所示。

图 11-8

扫码观看
本案例视频

扫码观看
本案例视频

11.8.4　项目要点

　　使用"导入"命令导入素材文件，使用"横排文字工具"输入文字，使用"下雨字符入"预设制作文字动画，使用"位置"属性、"不透明度"属性和"缩放"属性制作动画效果。

After Effects 核心应用案例教程（After Effects 2020）（全彩慕课版）